Fièvre hémorragique de Marbourg

RÊVES PRÉMONITOIRES

Auteur: JUCELINO NÓBREGA DA LUZ

Révision textuelle collaborative par

São Paulo, 17 janvier 2021

Impression du livre:

Copyright © 2020 par Jucelino Nóbrega da Luz

Direction artistique, conception graphique et couverture

La reproduction totale ou partielle de cet ouvrage, par quelque moyen et sous quelque forme que ce soit, est interdite.

sans le consentement préalable de la rédaction.

Imprimé au Brésil - 17 février 2021 - Auteur: Jucelino Nobrega da Luz

Données internationales de catalogage-in-publication (CIP)

(Câmara Brasileira do Livro, SP, Brésil)

Da Luz, Jucelino Nóbrega,

Révélations: qui est le JNL? Qu'est-ce que Marburg?

Les prophéties futures de Jucelino Luz

Jucelino Nóbrega - São Paulo: Jucelino

Nóbrega da Luz - 2021

Bibliographie.

1. biographie de la fièvre hémorragique de Marburg

2. Luz, Jucelino Nóbrega da

3. Rêves prémonitoires

4. Précognition

5. Prophéties futures - Titre

6. Danger 2025 & 2026 -Période de pandémie

7. La prévention et l'opportunité pour les autorités

Plus, d'informations sur le texte original - English in 2020.

Édition originale en anglais et traduite en portugais en 2021.

Résumé

Marbourg -Introduction

PARTIE 1

GRANDES PROPHÉTIES DE LA LUMIÈRE JUCELLY

Partie 2

Les trois préfaces de la prophétie

Partie 3

Découverte du don prophétique

Partie 4

Pourquoi les prophéties sont nécessairement vraies

Partie 5

Risque de pandémies 2009, 2019, 2025, 2026, et ainsi de suite....

Partie 6

Un avertissement de Jucelino Luz qui nous est parvenu

Partie 7

Les influences du réchauffement climatique

Partie 8

Marburg -Epidémie en Angola - Afrique

Partie 9

La prochaine menace possible, le virus Nipah entre 2027 et 2029

Partie 10

Virus de Marburg - foyer possible - 2025/2026

Partie 11

Justification finale

Partie 12

Lettres aux autorités du monde entier

Partie 13

Conclusion finale

Partie 14

Cette autre épidémie qui, en quelques années, tuera plus de 9 millions de personnes dans le monde.

Partie 15

La fin de l'humanité est déjà déterminée sur les pierres de la conscience.

Partie 16

Les entreprises pharmaceutiques en recherche dans le monde entier.

Partie 17

Jucelino Luz met également en garde contre le fait que la nature est détruite par l'homme à un rythme jamais vu auparavant.

Partie 18

L'invasion de l'Ukraine par la Russie a été prophétisée en 2015 par Jucelino Luz.

Partie 19 -   Bibliographie

Bibliographie

* J'ai pensé qu'il était approprié pour ce moment, et pour l'avenir, de placer ce beau poème au début de ce livre. Il a été écrit il y a deux siècles.

Quand la tempête passe, les routes s'adoucissent,

Et nous sommes les survivants d'un naufrage collectif,

Le cœur plein de larmes et le destin béni

Nous nous sentirons bénis juste parce que nous sommes en vie.

Et nous donnerons au premier étranger un câlin

Et louez la chance que nous avons de garder un ami.

Nous nous souviendrons alors de tout ce que nous avons perdu et apprendrons immédiatement tout ce que nous n'avons pas appris.

Nous ne serons plus jaloux car tout le monde a souffert.

Nous n'aurons plus un cœur endurci.

Nous serons tous plus compatissants.

Nous aurons plus de valeur pour tout le monde que ce que je n'ai jamais eu.

Nous serons plus généreux.

Et bien d'autres engagements

Nous comprendrons à quel point nous sommes fragiles et ce que...

 cela signifie que nous sommes en vie !

Nous mettrons l'accent sur ceux qui sont là et ceux qui sont partis.

Le vieil homme qui mendiait sur la place du marché, dont nous n'avons jamais su le nom et qui était toujours là pour nous, va nous manquer.

Et peut-être que le pauvre vieil homme était Dieu déguisé...

Mais vous n'avez jamais demandé son nom

Parce qu'il était pressé...

Et tout sera un miracle !

Et tout sera un héritage

Et la vie que nous avons gagnée sera respectée!

Quand la tempête passe, je demande à Dieu, avec tristesse

Que vous nous rendiez meilleurs, comme vous avez rêvé de nous.

* (K. O'Meara - Poème écrit pendant l'épidémie de peste en 1800)

Merci aux amis sur ce chemin vers l'avenir

Si nous pouvions prendre conscience du caractère éphémère de nos vies, nous réfléchirions peut-être à deux fois avant de gâcher les occasions que nous avons d'être et de rendre les autres heureux.

De nombreuses fleurs sont cueillies trop tôt. Certains, même lorsqu'ils sont encore en herbe. Il y a des graines qui ne germent jamais et il y a ces fleurs qui vivent entièrement jusqu'à ce que, pétale par pétale, silencieuses, livides, elles s'abandonnent au vent.

Mais nous ne savons pas comment deviner, nous ne faisons que rêver. Nous ne savons pas combien de temps nous allons décorer cet Eden ou ces fleurs qui ont été plantées autour de nous. Et nous sommes négligents. Nous prenons peu de précautions. De nous-mêmes et des autres.

Nous nous attristons pour de petites choses et perdons des minutes et des heures précieuses. Nous perdons des jours, parfois des années. Nous nous taisons quand nous devrions parler; nous parlons trop quand nous devrions nous taire; nous jugeons trop quand nous pourrions nous voir dans le miroir de la vie.

Nous ne donnons pas l'accolade que notre âme réclame, car quelque chose en nous empêche cette approche. Nous évitons un baiser amoureux "parce que nous n'y sommes pas habitués", et nous ne disons pas que nous l'aimons parce que nous pensons que l'autre personne sait automatiquement ce que nous ressentons. Nous ne nous respectons pas parce que notre ego, notre faux pouvoir, notre arrogance ne nous le permet pas.

Et la nuit passe et le jour arrive, le soleil se lève et s'endort et nous restons les mêmes, repliés sur nous-mêmes. Nous nous plaignons de ce que nous n'avons pas, ou nous pensons que nous n'en avons pas assez. Nous facturons. Des autres. La vie. De nous-mêmes. Nous consommons.

Nous comparons généralement nos vies à celles de ceux qui ont plus que nous. Et si nous essayions de nous comparer à ceux qui ont moins? Cela ferait une grande différence!

Et le temps passe... Nous traversons la vie, nous ne vivons pas. Nous survivons parce que nous ne connaissons rien d'autre. Jusqu'à ce que, de manière inattendue, nous nous réveillions et regardions en arrière. Et puis nous nous demandons: et maintenant?!

Aujourd'hui, il est encore temps de reconstruire quelque chose, de donner une accolade amicale, de dire un mot d'amour, d'être reconnaissant pour ce que nous avons. On n'est jamais trop vieux ou trop jeune pour aimer, respecter, donner de soi, dire un mot gentil ou faire un geste d'amour. Ne regardez pas en arrière. Ce qui est passé, est passé. Ce que nous avons perdu, nous l'avons perdu. Regardez devant vous! Il est encore temps d'apprécier les fleurs et les fruits qui sont tout autour de nous. Nous avons le temps de nous tourner vers l'intérieur et de rendre grâce pour la vie qui, bien qu'éphémère, est encore avec nous.

Tout d'abord, pour remercier le Plan Supérieur Universel qui illumine mon chemin, ma famille et vous tous, amis, collègues, parents, qui avez fait ou faites partie de mon voyage ardu, mais docile pour l'esprit de lumière qui m'accompagne depuis 1960.

Une dédicace à tous les amis et partenaires pour des rencontres, des entretiens, des conseils spirituels, des guérisons spirituelles et, surtout, que nous continuions ensemble à lutter pour une vie meilleure pour toute l'humanité.

La voyante et conseillère spirituelle Jucelino Luz

Marbourg - Introduction

La fièvre de Marbourg est transmise par le sang, les fluides biologiques, les sécrétions et les tissus humains ou animaux infectés. Les personnes qui entrent en contact avec des patients infectés ont un risque élevé de contamination. La période d'incubation du virus responsable de la maladie - l'intervalle entre le moment où une personne contracte le virus et l'apparition de la maladie - est estimée entre trois et dix jours.

La phase aiguë de la maladie se produit entre sept et quinze jours après les premiers symptômes.

Les rituels funéraires des patients qui décèdent de la maladie contribuent également à la transmission du virus dans certaines communautés africaines. Le contact avec certains animaux contaminés, comme les singes et les antilopes, infectés ou morts, est une autre source d'infection. Il est donc essentiel d'informer les communautés touchées par la fièvre sur la maladie et les précautions à prendre pour réduire le risque de contamination.

Diagnostic

L'infection est confirmée par une analyse d'échantillons de sang, de salive ou d'urine.

Les anticorps et même les virus peuvent être mis en évidence par différentes analyses dans des laboratoires spécialisés.

Traitement

Malheureusement, il n'existe pas de traitement spécifique pour cette maladie, ce qui la rend fatale dans un grand nombre de cas (50 à 90%).

Les traitements de soutien (lutte contre la déshydratation, traitement empirique des infections associées) et les traitements de confort peuvent être utiles. La seule forme de prévention qui existe est l'isolement des patients et l'utilisation de vêtements spécifiques pour les personnes à risque de contamination. Des normes strictes de protection doivent être prises: les patients sont isolés, le personnel médical porte des combinaisons imperméables, des gants et des masques. Des zones de décontamination sont installées entre l'isolement des patients et l'environnement extérieur. Il est également important de rétablir la chaîne de contact avec les patients pour examiner les contaminants potentiels et évaluer s'il est nécessaire d'isoler ces personnes.

La fièvre hémorragique de Marbourg est l'une des fièvres hémorragiques les plus dévastatrices chez l'homme et est causée par le virus de Marbourg. Cette souche a un taux de mortalité (88%) selon le registre humain. Sa transmission se fait par contact avec le sang, les sécrétions ou les tissus d'une personne ou d'un animal infecté. Les archives montrent la possibilité de transmission du virus par inhalation de particules de fèces de la chauve-souris africaine Rousettus aegyptiacus. L'infection par le virus de Marbourg se manifeste initialement par une forme non spécifique, semblable à des symptômes grippaux, suivie de symptômes hémorragiques et d'un risque élevé de transmission. Même dans les pays où la maladie de Marburg est endémique, les safaris et les circuits sont très populaires et recherchés par des personnes du monde entier, augmentent la possibilité d'une nouvelle transmission virale dans leur pays d'origine, et plusieurs d'entre eux accueilleront des événements sportifs tels que la prochaine Coupe du monde de football et les Jeux olympiques. Objectif: revoir et mettre à jour les mesures d'isolement pour les cas suspects de fièvre hémorragique de Marburg, en fonction du site de traitement et du matériel biologique, en utilisant pour l'élaboration de propositions basées sur une physiopathologie actualisée. Méthodologie:

Une recherche bibliographique a été effectuée dans des bases de données nationales et internationales afin d'identifier les articles faisant référence au sujet. Mots clés: fièvre hémorragique de Marburg, gestion, isolement. Résultats: Les principales cibles du virus de Marbourg sont les macrophages et les monocytes, qui affectent également les cellules dendritiques. Une fois ces cellules activées, elles libèrent des médiateurs inflammatoires qui altèrent la fonction de la barrière endothéliale, déroutant le système immunitaire et provoquant des hémorragies. L'organe cible est le foie, en raison de l'affinité de l'extrémité N-terminale des glycoprotéines du virus pour les glycoprotéines Lectin-C des hépatocytes. L'approche se concentre sur la biosécurité, en utilisant des procédures biologiques sûres et des équipements de protection spécialisés pour réduire l'exposition au virus.

Les patients suspects ou confirmés doivent rester isolés dans une seule pièce. L'utilisation d'écrans faciaux est suggérée. Envisagez l'utilisation d'un masque respiratoire N95 lorsque vous effectuez des procédures générant des aérosols, et envisagez une chambre à pression positive pour les patients plus sévères. Utilisation éventuelle de doubles gants, de couvre-jambes et de couvre-chaussures en cas de saignement, notamment lorsque les ressources de nettoyage et de blanchisserie sont limitées. Doit être notifié à l'autorité de surveillance même en cas de suspicion. Conclusion: l'affinité du virus pour les hépatocytes est associée à la liaison des glycoprotéines et à la

structure hémorragique liée à la perte de la fonction de barrière endothéliale due au virus. Il est nécessaire de procéder à un triage correct des patients et de manipuler correctement le matériel contaminé, afin de réduire le risque de propagation du virus.

Mots-clés: Maladie de Marburg, Physiopathologie, Isolement des patients

Épidémiologie

La transmission se fait par le contact d'une personne avec le sang, les sécrétions ou les tissus d'un animal ou d'une personne infectée; une contagion du virus par des personnes ayant visité des grottes en Ouganda (Afrique) a été rapportée, s'expliquant par le contact de fèces de chauve-souris avec les voies respiratoires.

les voies respiratoires. Cependant, l'inhalation n'est pas le mode de transmission le plus courant à l'homme.

Pendant le traitement, pour interrompre la chaîne de transmission, il est nécessaire que le patient soit maintenu dans une zone/chambre isolée et que les soins soient prodigués par le personnel avec une protection pour les muqueuses (principalement la bouche, le nez), comme le dit Jucelino Luz.

Une protection inadéquate ou des pratiques d'hygiène incorrectes peuvent permettre l'acquisition d'une FHM professionnelle, comme cela a été décrit en 1999 avec deux membres du personnel hospitalier, dont l'un est le médecin-chef de l'hôpital.

À ce jour, environ 480 cas ont été confirmés et signalés.

Symptomatologie

Aspects cliniques du patient atteint de la fièvre hémorragique de Marbourg.

La présentation clinique de la fièvre hémorragique de Marbourg ou d'Ebola est très similaire. L'infection humaine par la souche du virus de Marbourg commence à se manifester cliniquement après une période d'incubation allant de 2 à 21 jours.

Il y a d'abord une maladie non spécifique, semblable aux symptômes de la grippe, caractérisée par:

- Fièvre

- Frissons

- Nausées

- Mal de tête

- Diarrhée (peut contenir du sang)

- Vomissements

- Éruption cutanée maculaire populaire sur le visage, le tronc et les extrémités.

- Une lymphopénie précoce est également fréquente chez l'homme, tout comme l'anorexie.

D'autres symptômes peuvent également être présents ou apparaître au cours de la maladie, selon les informations contenues dans les prévisions 2008.

- Myalgie

- Arthralgie

- Douleur abdominale

- Douleur thoracique

- Perte de poids importante

- Le délire

- Bradycardie relative

- Maux de gorge sévères

Ce type de patient présente une atteinte hépatique - dont nous parlerons plus loin - mais il n'est pas courant que le patient présente des signes d'ictère avant le stade terminal de la maladie. Le mal de gorge peut être associé à un gonflement des tissus mous à l'arrière de la gorge, à une dysphagie et, dans les cas graves, à une dyspnée.

Une atteinte oculaire tardive peut survenir, le patient développe une uvéite.

une lésion unilatérale due à l'atteinte du virus de Marbourg dans la chambre antérieure de l'œil, environ 88 jours après l'apparition des symptômes de la maladie.

Il existe quelques rapports de cas comme celui d'une patiente qui, au retour d'un safari de deux semaines en Ouganda, présentait de graves maux de tête, des nausées, des diarrhées, des frissons et des vomissements. Quatre jours après avoir présenté les symptômes, elle a eu une diarrhée persistante, des douleurs abdominales ainsi qu'une fatigue croissante, une faiblesse généralisée et une confusion mentale lors d'un rendez-vous médical. A l'examen physique, pâle et avec des bruits intestinaux diminués. Dans un autre rapport, un patient néerlandais se rend en Ouganda et présente à son retour des symptômes de fièvre et de frissons. Avec ces rapports, il y a eu une demande d'alerte de la part de l'Organisation mondiale de la santé: les touristes qui voyagent dans certains pays africains, comme l'Ouganda et l'Angola, doivent éviter de pénétrer dans les grottes et les mines où il y a des chauves-souris, pour éviter tout contact avec les virus de la famille Filoviridae (Organisation mondiale de la santé (OMS), 2008; CDC, 2010).

Le diagnostic de la contamination du patient par le virus de Marbourg peut être réalisé en prélevant des échantillons de sang et des écouvillons gingivaux, en les analysant par la méthode de l'amplification en chaîne par polymérase en temps réel (Q-RT-PCR) ou par la méthode ELISA, les résultats étant obtenus en moins de 4 heures.

Le traitement et la façon de voir la maladie ou la personne malade sont différents selon la culture locale de chaque pays. Ce fait peut compromettre le contrôle de l'épidémie. Il peut être difficile d'expliquer et de convaincre un patient atteint de FHM de rester isolé, sans contact avec d'autres personnes. Il est nécessaire de comprendre la culture de chaque pays,

Il est nécessaire de comprendre la culture de chaque pays afin d'améliorer l'approche du patient, en proposant des méthodes d'approche qui répondent aux besoins de chaque patient.

Pronostic

Le patient meurt généralement entre 8 et 21 jours après l'apparition des symptômes, souvent en raison du dysfonctionnement de plusieurs organes avec coagulation intravasculaire disséminée et collapsus cardiovasculaire, mais l'évolution complète de la maladie varie de 10 à 39 jours.

Les tests de laboratoire effectués quatre jours après l'apparition des symptômes chez un patient infecté par le virus ont révélé une hépatite et une insuffisance rénale.

Dans ce cas particulier, après avoir été admis à l'hôpital, le

Le patient présentait une pancytopénie, une coagulopathie, une myosite, une pancréatite et une encéphalopathie. Après avoir été libérée au bout de deux semaines, la patiente a continué à avoir des douleurs abdominales persistantes et a reçu une transfusion sanguine pour corriger l'anémie.

Caractéristiques générales des filovirus

Famille Filoviridae

La famille des Filoviridae est l'une des quatre familles qui composent l'ordre des Mononegavirales, et comprend trois genres - Marburgvirus, Ebolavirus et le plus récemment identifié, Cuevavirus - avec un total de huit virus hautement virulents. Tous les virus de cette famille sont génomiquement et morphologiquement identiques et se distinguent des autres familles de l'ordre des Mononegavirales - Rhabdoviridae, Paramyxoviridae, Bornaviridae - non seulement par leur génome à ARN non segmenté et particulièrement long, mais aussi par leur morphologie filamenteuse et leurs configurations uniques. D'autres caractéristiques particulières des filovirus sont l'infection restreinte des mammifères, la présence d'une protéine unique à la famille (VP24), et des codons uniques de début et de fin de transcription.

Genre Marburgvirus

Le genre Marburgvirus, qui fait l'objet de cette étude, a été identifié en 1967 et comprend une seule espèce appelée Marburgvirus (anciennement connue sous le nom de Lake Victoria Marburgvirus) et deux variantes identifiées, le virus de Marburg (MARV) et le virus Ravn (RAVV).

Le MARV, également appelé virus de Marbourg, fait l'objet de cette étude et sera abordé en détail ultérieurement.

Le virus Ravn a été identifié en 1987 au Kenya après qu'un citoyen danois de 15 ans ait présenté des symptômes caractéristiques d'une infection par le MARV. L'adolescent est décédé 10 jours après que les mesures disponibles aient été prises. L'origine de l'infection a été déterminée avec certitude. Par la suite, il n'est réapparu qu'en 1999 à Durba (République démocratique du Congo), avec un cas identifié au milieu d'une épidémie de MARV. En 2007, un autre cas d'infection par le RAVV a été identifié en Ouganda, provenant d'une mine de plomb. Le RAVV a été isolé chez des chauves-souris des cavernes Rousettus aegyptiacus en Ouganda, ce qui suggère que cette espèce pourrait être un réservoir naturel du Marburgvirus. Cependant, il n'y a toujours pas de confirmation quant au réservoir du RAVV, Marburg virus : Epidemiology, Pathogenicity, Laboratory Diagnosis and Therapeutics, ainsi qu'au mode de transmission à l'homme. Un autre point crucial à définir dans la caractérisation de ce virus est sa période d'incubation.

Les manifestations cliniques de l'infection par le RAVV sont similaires à celles de l'infection par le MARV : céphalées, fièvre, prostration, vomissements, nausées et anorexie suivis d'hématochézie, d'hypotension, d'ecchymoses, de leucocytose et de thrombocytopénie. À un stade plus avancé du tableau clinique, on observe un délire, une cyanose, une hypotension sévère, une forte fièvre, une altération de la cascade de coagulation, un choc hypovolémique et, par conséquent, la mort. Les résultats de l'autopsie ont révélé des hémorragies dans la muqueuse conjonctivale et gastro-intestinale, les poumons, la trachée, le cortex rénal, la vessie et l'épicarde, ainsi qu'un œdème rétropéritonéal et des épanchements dans la plèvre, le péricarde et le péritoine.

Genre Ebolavirus

Le genre Ebolavirus a été le deuxième à être identifié, après le Marburgvirus, en 1976, à la suite de deux épidémies simultanées au Zaïre (aujourd'hui appelé République démocratique du Congo) et au Soudan. L'origine de l'infection au Zaïre a commencé dans un petit village et a été rapidement détectée dans plusieurs cas dans tout le pays, ce qui a entraîné l'apparition de 320 cas déclarés, avec un taux de mortalité de 89%. Au cours de la même période, au Soudan, le nombre de cas a atteint 285, dont 54% ont entraîné la mort. Le nouveau virus a été baptisé Ebola car c'est le nom de la rivière où il a été identifié, située dans le nord de la République démocratique du Congo, qui est incluse dans l'espèce du virus Ebola du Zaïre.

Il s'agit du genre de la famille Filoviridae qui comprend la plupart des espèces. Le virus Ebola (EBOV) est le seul membre de l'espèce du virus Ebola zaïrois. Elle a été identifiée en 1976 et est définie comme la plus virulente de son type, avec un taux de mortalité de 90%. Le virus soudanais (SUDV) appartient à l'espèce du virus Ebola soudanais. Ce virus, identifié en 1976 lors d'une épidémie comprenant des cas de SUDV et d'EBOV, est le deuxième virus le plus dangereux, avec des taux de mortalité atteignant 51 %.

Le virus Bundibugyo (BDBV) appartient à l'espèce de virus Ebola Bundibugyo, la plus récente de son type, et a été identifié en 2007 en Ouganda. Il s'agit du troisième virus le plus meurtrier de ce type, avec un taux de mortalité d'environ 42 %.

- Caractéristiques générales des phyla de virus

Le virus de la forêt de Tai (TAFV), l'espèce d'ébola du virus de la forêt de Tai, a été identifié en 1994 en Côte d'Ivoire après qu'un ethnologue ait été infecté alors qu'il pratiquait une autopsie sur le cadavre d'un chimpanzé. Ce virus n'est associé qu'à deux cas d'infection et aucun n'a entraîné le décès de la personne.

Enfin, le virus Reston (RESTV), de l'espèce Reston ebolavirus, a été identifié en 1989 aux Etats-Unis à partir de singes importés des Philippines. À ce jour, il s'agit du seul virus de ce type qui n'a pas provoqué de maladie chez l'homme et qui n'a été isolé que chez les primates.

Les Ebolavirus sont transmis par un vecteur qui n'a pas encore été confirmé. Cependant, on sait qu'après l'infection, le virus reste dans l'organisme pendant 3 à 22 jours en incubation, et qu'après cette période, les symptômes commencent. Quant aux manifestations cliniques, elles varient selon les espèces, mais sont généralement caractérisées.

Thérapie

A ce jour, il n'existe pas de traitement antiviral spécifique pour l'infection par le MARV ou les virus d'autres phylum. L'approche consiste à traiter non pas l'origine du tableau clinique, mais les conséquences de l'infection. Compte tenu de l'aspect hémorragique de la maladie de Marbourg, l'intervention consiste à maintenir un volume circulatoire, un niveau d'oxygène, une pression sanguine et une perfusion physiologiques, ainsi qu'à préserver l'équilibre électrolytique, par l'administration de fluides et des transfusions de sang et de facteurs de coagulation. L'administration d'antibiotiques est également utilisée dans les infections consécutives, ainsi que d'autres classes de médicaments en fonction des besoins (Centers for Disease Control and Prevention). Développement de nouvelles thérapies: de nombreuses thérapies ont été étudiées sur des modèles animaux, mais aucune n'a encore été approuvée pour un usage humain. Cependant, les essais sont toujours conditionnés par la sporadicité des épidémies et des cas de MARV chez l'homme. Le (rNAPc2) recombinant comme traitement post-exposition a été étudié pour l'utilité de son potentiel antithrombotique pour inverser la coagulopathie disséminée causée par le MARV. Le taux de survie était de 16 % et le délai avant le décès de 1,7 jour. Comme la protection n'était que partielle, le défi de cette thérapie est d'ajouter des adjuvants afin d'augmenter son potentiel, ainsi que d'étendre son spectre d'action à des souches plus connues de MARV. Le FGI-103, un composé de faible poids moléculaire, a été identifié lors d'une étude menée avec l'EBOV et, lorsqu'il a été testé chez des souris infectées par une dose létale d'une souche MARV modifiée (dotée de la capacité d'infecter les rongeurs), administrée après 24 Virus de Marburg: épidémiologie, pathogénicité, diagnostic de laboratoire et thérapie 54 heures après l'infection par le MARV, il s'est avéré être une molécule ayant un potentiel inhibiteur de la pathogénèse de ce virus. Les souris traitées avec le FGI-103 ont montré une faible charge virale et de faibles niveaux de TNF-α, IFN-gamma, IL-6 et des niveaux physiologiques d'enzymes hépatiques. Bien que le mécanisme d'inhibition du FGI-103 reste à définir, tout comme la participation d'autres molécules au processus, il représente une avancée dans ce domaine et un traitement possible de la stomatite vésiculaire atténuée du MARV (RVSV) exprimant la protéine GP de la souche Musoke du MARV a montré des preuves d'efficacité comme traitement post-exposition au virus, avec 100 % de survie chez les primates après administration 30 minutes après l'infection. L'inconvénient de ce traitement dans un scénario d'épidémie est la période pendant laquelle il doit être administré, car son efficacité est déjà nulle après deux jours d'infection. Cependant, il peut être une option viable pour les infections accidentelles dans un laboratoire où l'administration est possible au moment où le vaccin est efficace. Le BCX4430 est un analogue synthétique de l'adénosine capable d'inhiber l'ARN polymérase virale, étudié comme traitement post-exposition à la souche Musoke du MARV et à d'autres virus du même phylum chez les singes Macaca fascicular. Le composé a été administré jusqu'à 48 heures après l'infection et poursuivi par des administrations biquotidiennes jusqu'à 14 jours plus tard, et s'est révélé totalement capable d'inhiber la réplication et l'infection ultérieure du primate. BCX4430 a démontré un excellent profil de sécurité et attend les résultats de l'essai clinique de phase 1 sur l'homme, achevé en mai 2016. L'AVI-7288 est un oligomère antisens conçu pour empêcher la réplication virale en bloquant la transcription du gène de la protéine NP par liaison à son ARN messager. Ce composé a été testé chez des singes macaca fascicular infectés par le MARV par des administrations 1, 24, 48 et 96 heures après l'infection dans différents groupes pendant une période de 14 jours. Dans les groupes de singes ayant reçu l'administration 1, 24 et 96 heures après l'infection, la survie était de 86 %, tandis que dans le groupe ayant reçu l'administration 48 heures après l'infection, tous les singes ont survécu (contrairement au groupe témoin dans lequel une solution saline a été administrée, entraînant la mort de tous les singes). En conclusion, cette étude a prouvé que l'AVI-7288 est capable de protéger les singes fasciculaires contre Chapitre VIII - Thérapeutique 55 M. avec une administration jusqu'à 96h après l'infection pendant 14 jours.

Il ne présente aucune menace pour la sécurité de l'individu et ne provoque aucun effet indésirable. AVI-7288 représente une option de traitement post-exposition.

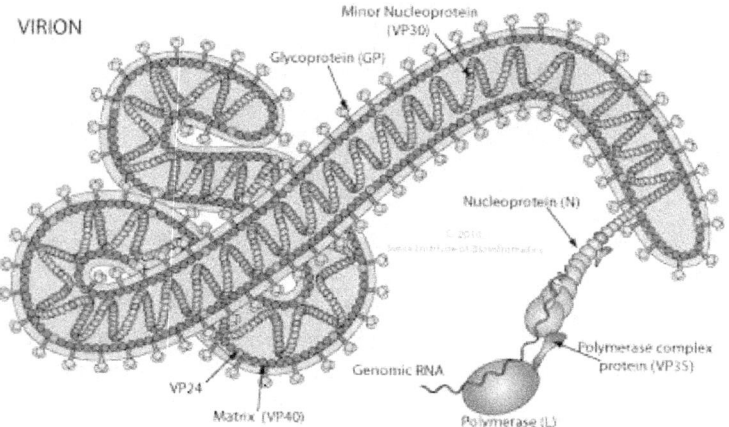

Crédit image / Source: Publié par viral zone.

Partie 1

PROPHÉTIES IMPRESSIONNANTES DE JUCELINO LUZ

Jucelino Luz - JNL - conseiller spirituel, environnementaliste et humanitaire (Visionnaire).

(Journaliste Renato Campos ✝)

Pour certains, il est le "plus grand prophète de l'histoire moderne", pour d'autres, le grand pacificateur de tous les temps.

Pendant des dizaines d'années, les autorités ont maintenu la tradition de rendre personnellement visite au visionnaire à Santo André, afin de lui rendre hommage et de recevoir des informations de "leur prophète". Tout ce qui concerne cet homme et son travail est inhabituel. Jucelino Nóbrega da Luz est le seul "Prophète" des temps modernes, un être qui se soucie plus des autres que de lui-même.

Ses écrits resteront dans les mémoires pendant plusieurs décennies, et sont respectés par de nombreuses personnes.

Le pape Jean-Paul II et d'autres personnalités importantes auraient bénéficié du "Prophète des Amériques"? - Ou l'utiliser pour accroître leur prestige personnel, en prétendant que Jucelino Luz les avait cités comme les plus grands représentants bienveillants? Et aujourd'hui, plus de 30 ans après la reconnaissance de Jucelino Luz, des millions de personnes croient aveuglément en ce "visionnaire du siècle ou des voyages futurs", simplement parce qu'il a pu enregistrer des prophéties impressionnantes sur des événements qui nous tourmentent plus ou moins?

A son époque, le nom de Jucelino Luz était déjà respecté car il prédisait le jour, le mois et l'année avec une grande précision.

Aujourd'hui, les juristes, les évolutionnistes, les journalistes, les scientifiques et les universitaires respectent les prédictions de Jucelino Luz, qu'ils considèrent comme ayant un grand mérite. Il fait preuve d'une précision très respectable, montrant combien de bénéfices de telles prophéties ont apporté dans le passé et dans le futur.

Certains décrivent Jucelino Luz comme un homme audacieux, inspiré et extrêmement cultivé, et un humaniste exceptionnel. Avec une réputation de voyageur du futur, tout le monde veut voir en lui un réformateur planétaire. Ses prophéties sont une sorte de pendant de l'apocalypse, avec beaucoup d'espoir et de conscience. Son langage simple a de l'importance par rapport aux changements de la nature et à la destruction de l'environnement.

D'autres disent: "Quant au thème de base des prophéties, elles prêchent toujours la prise de conscience, les crimes, les catastrophes, le changement climatique - les faits...

Il peut s'agir d'un phénomène constant à n'importe quelle période de l'histoire humaine." En d'autres termes, il n'est pas difficile de faire des prédictions sur cette espèce. Mais Jucelino Luz révèle des dates précises. Aucune personne normale ne peut calculer les jours, le mois, l'année d'événements variés.

Les scientifiques résument ainsi leur opinion sur: "Le plus grand prophète des Amériques de tous les temps", voire du monde.

"Plus, de cent mille lettres ont été envoyées de manière lisible". Ou, en bref, en prévoyant tant de choses, il serait presque impossible de tout faire correctement.

En 1973, des recherches acharnées autour de Jucelino Luz ont éclaté au Brésil. Mais cette fois, il ne s'agissait pas de vérifier la crédibilité du prémonitoire ou non, ils se sont battus pour la forme exacte de son interprétation. Dans son livre "Révélations", il est noté qu'il a donné un compte rendu historique du réchauffement de la planète et récemment, des scientifiques ont confirmé toutes ses inquiétudes, ce qui donne plus de crédibilité à ses déclarations.

Les scientifiques et ses récentes déclarations lors d'une réunion scientifique en France, aux Etats-Unis, en Allemagne et au Japon ont donné et prouvé que Jucelino Luz a vraiment raison sur la fonte des calottes polaires, le manque d'eau sur la planète et l'invasion des marées sur les côtes.

Dans cette optique, le maître des temps modernes peut être interprété, simplement parce que nous connaissons votre façon de penser, votre langage, vos sources d'inspiration et le sens des écrits que vous utilisez.

Jucelino Luz lui-même le dit:

Il ne fait aucun doute que Jucelino Luz fait référence à la conscience planétaire dans le texte ci-dessus. Cela signifie toutefois que ces prophéties seront plus facilement comprises vers 2015, date à laquelle elles commenceront à être valorisées.

Mais cela ne signifie pas nécessairement que le sens des rapports devra être complètement caché jusque-là, malgré la clarté de certains passages importants, ou les efforts de chercheurs dévoués qui ont réussi à clarifier de nombreux cas. De plus, de nombreuses prophéties se sont réalisées jusqu'à ce jour.

Les faits annoncés se sont produits. C'est exactement ce que les voyages futurs avaient annoncé et c'est pour cette raison que nous pouvons être si attirés par Jucelino

Luz, parce qu'il vit dans une époque aux caractéristiques très différentes de celles du passé. Plus, il approfondit ses idées, plus sa conviction qu'il n'écrit que pour nous grandit. Il se réfère à nous. Aujourd'hui représente le "Temps de la Conscience", comme il le dit.

Aujourd'hui: tout est en transition.

De grands changements marquent l'époque actuelle dans laquelle vit Jucelino Luz. Il est né à Floriano-PR, District de Maringá-PR, fils de Oswaldo Nóbrega da Luz, et Edilia Ferreira da Luz. Il a rencontré des scientifiques en France, au Japon, aux États-Unis et en Allemagne, faisant connaître la situation alarmante de la planète. Il ouvre de nouveaux horizons avec ce que l'on appelle "l'humanisme", enseignant à l'humanité une nouvelle conception du monde avec un sens de la vie qui a été sous-estimé, révélant le plaisir de vivre et le côté primordial de notre nature. Maintenant, tu voulais vivre. Personne n'est attiré par la promesse d'une félicité future dans l'éternité.

Aujourd'hui sur terre règnent le désordre et la dissolution. Mais aussi en évidence des dernières "Lois" stables commencent à vaciller. Personne n'a osé avouer publiquement la destruction humaine, mais beaucoup savent ce que Jucelino Luz a dit.

Relié au Prophète, choisi par les bons spiritualistes.

Pourtant, dans le sang du jeune Jucelino Luz, il y a un héritage fort et cher. On peut donc dire qu'il existe des "liens de sang" directs entre Jean l'Évangéliste et Saint Joseph. En tant que prophète, il porte une puissante charge génétique.

Ancien égyptien, pour contrôler et dire les temps

Au moins au début, Jucelino Luz a dû se méfier fortement des résultats, c'est-à-dire de ce qu'il voyait et percevait dans les visions. Et j'ai parlé une fois de la grippe, du SIDA, de l'Ebola, du Covid 19 et de la fièvre de Marbourg.

C'est pourquoi il a établi une sorte de contrôle, une caractéristique typique et indubitable de lui. Mais des dates précises et beaucoup plus importantes que les prophètes précédents. L'instrument de contrôle est le calendrier et les mathématiques de l'Égypte ancienne. Dès son réveil, il passe en revue les implantations faites lors de ses rêves prémonitoires afin de les "déraciner", comme il dit. C'est-à-dire ses prophéties avec des calculs égyptiens approfondis, de façon à éliminer des présages authentiques tout élément peut-être infiltré.

Cependant, le but principal du calcul est de déterminer des lieux et des dates. Quiconque a eu affaire à des devins et des voyants, ou a lu des prophéties bibliques, sait que l'établissement de dates ou l'indication de lieux est la tâche la plus difficile. Dans l'esprit du médium, un film est projeté. Dans ses rêves prémonitoires, il voit des scènes et des images dans la troisième dimension. Peut-être même se sent-il intégré aux faits, vivant et participant intensément à ceux-ci.

Le problème est que les visions passent à une vitesse incroyable; mais le prémonitoire peut tout couvrir. Les décrire est simple et peut suivre les scènes que vous regardez; sauf dans certains cas.

Il est donc tout à fait approprié de dire qu'il est l'un des plus grands prophètes de tous les temps.

Mais le prophète voit des dates lisibles, cependant, les indications de ce genre peuvent changer.

Parfois, cependant, de un à neuf faits étroitement liés, ou suivant des schémas similaires, apparaissent enchaînés dans le film-Vision. Le meilleur exemple est celui de Jésus qui a prophétisé la destruction de...

Jérusalem et la fin du monde. Comme nous le montrons dans ce livre, la destruction de Jérusalem, la ville sainte de l'Ancien Testament, et celle de Rome, la ville sainte de la chrétienté, sont fusionnées dans cette prophétie en une seule vision. La première partie est rendue atroce. En l'an 70 de l'ère chrétienne, exactement comme cela avait été. Ceux qui ont compris et cru la prophétie ont pu se sauver. La deuxième partie a été suspendue pendant 2000 ans.

Comme pour s'excuser, le "prophète" Jésus a dit:

"Mais personne ne connaît le jour ni l'heure. Pas même les anges du ciel. Seulement le Père." (Matthieu, chapitre 24)

Jucelino Luz est convaincu d'avoir trouvé une solution à cet aspect problématique des prophéties: le calendrier égyptien, comme il dit, le calcul des temps.

De nombreux interprètes de Jucelino Luz tentent sans cesse de prouver que son prophète est l'un des plus parfaits. Ils le font probablement en regardant ses documents.

Son travail n'a rien à voir avec la religion, les sectes et les philosophies.

En fait, il fait clairement la différence entre les religions, mais il respecte toujours toutes les dénominations religieuses et en a fréquenté beaucoup. Sans aucun doute, elle fait également partie de la spiritualité. Il prépare des présentations où Dieu se manifeste sur tout et assiste les gens avec une vision avide.

Jucelino Luz insiste pour maintenir sa position œcuménique soucieuse de prévoir les compréhensions séparatistes et individuelles.

Et il est sincère dans ce qu'il dit... sa religion est proprement "Dieu". Avec cette différenciation, je suis à l'unisson des grands théologiens de l'époque actuelle.

Faire des prédictions, en plus d'être permis par Dieu, est également louable dans le cas d'un événement inévitable, comme les catastrophes, les épidémies, les guerres, etc. Dans ces cas, la loi physique de cause à effet est prévisible et peut prévenir et minimiser ces problèmes.

Mais comme nous l'avons déjà mentionné, les prophéties de Jucelino Luz ne naissent pas de calculs égyptiens, ils ne servent que de facteur de contrôle, pour situer les visions dans le temps et l'espace.

Pour Jucelino, la troisième condition est la plus importante. Pour comprendre son point de vue, il faut se transposer à son époque et au mode de pensée actuel. La Terre, et tout ce qu'elle contient, est le monde souterrain, imparfait, transitoire, faible. Au-dessus, il y a un autre monde parfait, le siège de l'éternité et la demeure de Dieu. Tout ce qui l'entoure est et sans lui. Les signes visibles de sa présence, cependant, sont les étoiles, qui bougent comme des interrupteurs pour contrôler les événements dans le monde souterrain. Comme ces interrupteurs ne sont pas lancés au hasard, mais selon un ordre strict et des lois prévisibles, on peut deviner la pensée de Dieu à travers eux. Celui de l'homme qui observe les étoiles est "Aussi près du ciel que ses pieds sur la terre".

Prévisions d'avenir:

1) L'actrice Anne Heche victime d'un accident

Anne Heche pourrait souffrir de graves brûlures après un accident de voiture et des brûlures sur son corps le 06 août 2022 à Los Angeles, aux États-Unis, s'écrasera à grande vitesse dans une maison du quartier de Mar Vista, provoquera peut-être un incendie. Cependant, il y a un risque de décès.

2) La variole du singe est une maladie rare causée par un virus du genre Orthopoxvirus, qui est généralement présent chez les rongeurs. La variole du singe se transmet d'une personne à l'autre par contact étroit et prolongé et provoque des symptômes tels que des frissons, des douleurs musculaires et dorsales, une fatigue excessive et l'apparition de cloques et de plaies sur la peau qui peuvent démanger ou être douloureuses. Les premiers cas de variole du singe, ou variole simienne, ont été identifiés en 1958 dans un groupe de singes, ce qui a donné le nom de la maladie, bien que le virus soit plus courant chez les rongeurs. Le premier cas chez l'homme a été identifié en 1970. En présence de signes et de symptômes indiquant la variole du singe, il est important de se rendre à l'hôpital pour confirmer le diagnostic, prévenir la transmission à d'autres personnes et commencer le traitement, qui comprend généralement l'utilisation de médicaments pour soulager les symptômes. De nombreux cas vont se propager dans le monde à partir de 2022, ce qui pourrait tuer de nombreuses personnes.;

3) La malaria?

Le paludisme est une maladie causée par quatre types différents de parasites protozoaires du genre Plasmodium. Trois d'entre eux sont actifs au Brésil et peuvent transmettre la maladie aux personnes vivant ici ou visitant le pays. La transmission du paludisme se fait de deux manières: par la piqûre d'un moustique infecté par le parasite protozoaire ou par le mauvais usage et le partage d'aiguilles et d'instruments tranchants.

Le moustique de la malaria est toujours femelle et appartient au genre Anopheles, assez commun à l'aube et au crépuscule. Il est responsable de la perpétuation du cycle du paludisme en transmettant le protozoaire à un hôte humain, qui peut être piqué par un moustique non infecté, qui deviendra à son tour porteur du paludisme pour infecter un autre individu. Il est important de souligner que le paludisme ne se transmet pas d'un humain à l'autre, mais toujours par un vecteur intermédiaire, qui est le moustique. Le paludisme est considéré comme une maladie tropicale, fréquente dans les climats chauds, précisément parce qu'il est transmis par la piqûre de moustiques, qui se reproduisent plus facilement par temps chaud.

Les protozoaires du paludisme s'installent dans le foie du corps humain, s'y reproduisent et commencent à affecter les globules rouges qui font partie du sang humain. Nous aurons une expansion des cas en 2022 et 2029, ce qui pourrait affecter plusieurs pays dans le monde.

4) Shinzo Abe pourrait être assassiné, le 8 juillet 2022, après avoir été abattu lors d'un discours dans la ville de Nara, dans l'ouest du Japon.;

5) Cuba connaîtra un grand incendie qui commencera le 05 août 2022, Grand incendie dans un dépôt de carburant à Matanzas, Cuba, où deux réservoirs de pétrole et fera au moins un mort, 16 disparus et des dizaines de blessés. L'incident aura lieu dans la base de Supertanqueros, dans la ceinture industrielle de la municipalité, de 144 000 habitants, située à 105 km de la capitale La Havane. L'incendie a commencé le 5 août 2022, lorsqu'un éclair a frappé l'un des réservoirs du dépôt, qui contient 26 000 mètres cubes de pétrole national, soit environ 50 % de sa capacité maximale. Ce réservoir alimente, par le biais d'un gazoduc, la centrale thermoélectrique Antonio Guiteras, qui, le 24 mai 2022, sera hors service pendant quelques jours, lorsque la foudre endommagera sa structure.;

6) Les exercices militaires seront promus par la Chine autour de Taïwan, en réponse à la visite de la députée américaine Nancy Pelosi sur l'île le 3 août 2022, ce sera le début, la tâche historique de la réunification de la Chine peut être réalisée. La Chine connaît de gros problèmes économiques et aura besoin de cette unification.;

7) Le Belge Walter Henri Maximillen Biot, pourrait être assassiné sur un balcon d'Ipanema, dans la zone sud de Rio de Janeiro. Il aurait des dizaines de lésions réparties sur plusieurs parties de son corps, le consul allemand Uwe Herbert Hahn sera arrêté sur 6 août 2022, pour suspicion de meurtre. Biot et Hahn sont mariés depuis 19 ans environ (lettre avec visions 2021).;

8) En Angleterre, Boris Johnson quittera ses fonctions, il pourrait être remplacé par Liz Truss - si rien ne change - en 2022, car nous n'aurons que deux candidats forts dans ce pays, dont l'un ou l'autre a une chance de gagner. et le Royaume-Uni connaîtra également une vague de chaleur, des dizaines de propriétés seront évacuées et environ 60 personnes devront quitter leur domicile après un incendie majeur qui a touché un quartier de Feltham, dans l'ouest de Londres. Le site se trouve à environ trois kilomètres de l'aéroport d'Heathrow. Nous aurons trois incendies majeurs à Londres le jour où tous les records de chaleur seront battus en juillet et août 2022.

Un prophète peut-il se méprendre?

Du point de vue actuel, tout échec des prophéties doit être attribué aux calculs astrologiques qui déterminent les dates. Après tout, rappelons-nous les paroles de Saint Germain: "Les prophéties ne sont pas écrites dans la pierre". Dans vos propres mots, Jucelino Luz fixe dans certains cas sont mieux de faire des erreurs ... Comme tout le monde, vous n'êtes pas libre de faire des erreurs.

" Mais rappelez-vous que les prophéties ne sont pas un jeu - et que les énergies peuvent changer à chaque fois, et ne sont contrôlées par aucun prophète..."

Cela signifie que les changements futurs ne sont pas contrôlés par un quelconque prophète.

Un autre facteur qui peut conduire à des erreurs est le problème, déjà évoqué, de l'interprétation correcte des scènes des visions. Il est plus difficile de le décrire de manière compréhensible ou de trouver des noms appropriés.

Cependant, Jucelino Luz y parvient, malgré ses hésitations à apprendre ce que tout cela signifie.

Il sait raconter ses visions avec une précision étonnante et une clarté incroyable. L'exploit est vraiment admirable. Plus, vous étudiez ses prophéties, plus elles nous impressionnent et vous rendent plus curieux.

Jucelino Luz est un auteur de best-sellers.

De telles interprétations sont possibles car, étonnamment, les textes originaux authentiques sont conservés jusqu'à aujourd'hui. La première publication partielle de Jucelino Luz a été faite en 2005 avec le livre "The man beyond the prophecies". Une véritable fièvre Jucelino Luz s'est emparée du Brésil et aussi du Japon.

Des rééditions ont suivi. Les éditeurs étaient à la recherche de nouveaux textes qui apporteraient des données supplémentaires. Il n'a pas fallu longtemps pour que le livre "Révélations" soit publié en décembre 2006.

Et ce, malgré la facilité d'extension des textes, ou peut-être pour cette raison même.

En outre, l'auteur a inclus des faits et des citations tirés d'événements et de lettres de réponse.

Il n'a pas montré le moindre penchant pour la malice sadique, le fatalisme qui prend plaisir à tourmenter pendant des siècles et des siècles, avec des visions terrifiantes, une humanité apeurée. Vous voudrez peut-être garder cela à l'esprit lorsque vous parlerez de Jucelino Luz.

Révolte dans le monde - Révolte dans le climat Et tout cela autour de l'année 2039

Jucelino Luz - conseiller spirituel – visionnaire

Partie 2:

Les trois préfaces de la prophétie

Pour mieux comprendre Jucelino Luz, il faut d'abord lire ces trois préfaces. L'auteur s'y explique. Il explique, presque comme dans un manuel d'instruction, le but, les intentions et le "processus" de ses prophéties. En même temps, il présente un résumé des visions relatives de l'avenir.

La première préface est consacrée aux graves problèmes écologiques, car Jucelino Luz sait qu'il n'a pas le temps d'argumenter sur la compréhension précaire qu'ont les gens des graves problèmes à venir.

Pour une meilleure compréhension des textes, pas toujours simple, chaque préface a été divisée en paragraphes.

La préface consacrée aux problèmes écologiques

Les hommes ne tiennent pas compte du temps, des avertissements et sont tous concentrés sur leur vie matérielle. Compte tenu de cet avertissement, du problème écologique et de la nécessité d'un changement avant le 31 décembre 2007, nous devrions être plus préoccupés car ce qui est venu à ma connaissance par l'essence de Dieu et les œuvres divines, indique que nous devons arrêter les processus de pollution de l'atmosphère, avant qu'il ne soit trop tard pour bénéficier à toute l'humanité. Les êtres humains sont encore incapables de comprendre, avec leur faible entendement, l'année 2043.

"Toute prophétie vient de Dieu".

Je ne peux donc que leur laisser par écrit ce que le passage du temps confirmerait, devenant méconnaissable. Mais le don héréditaire de prédire les choses cachées est caché en moi. Il faut aussi tenir compte du fait que les événements de l'humanité sont toujours incertains, et que tout est régi par l'inconcevable puissance de Dieu.

C'est Lui qui nous enseigne, non pas par des hallucinations illusoires, ni par des excitations psychiques, mais par des preuves documentaires.

Ce n'est que lorsqu'ils sont touchés par l'action divine que les rêves prémonitoires annoncent l'avenir. Et ils participent à l'esprit prophétique.

A plusieurs reprises, et depuis longtemps, j'ai annoncé des événements bien avant ce qui s'est passé ensuite. Il convient d'ajouter que tout a été accompli grâce à la force et à la puissance divines. D'autres événements heureux ou malheureux, prédits à court terme, qui se sont effectivement produits et sont encore à venir, résultent du climat du monde. En fait, je préfère me taire à ce sujet et les omettre pour ne pas blesser les susceptibilités du présent moins, mais surtout celles du futur.

C'est cette raison qui m'a poussé à utiliser un langage ouvert et à employer des métaphores dans le document. J'ai même pensé à arrêter ce que j'avais prophétisé. Maintenant, j'explique les événements futurs d'intérêt général, avec des phrases ouvertes et claires. Cela est vrai aussi des choses les plus impérieuses, et des productions humaines futures qui, comme je l'ai vu, irriteront l'évidente célébrité générale.

Tout est exprimé en images claires, plus encore que dans toutes les autres prophéties. Après tout, il a été dit : "Bien sûr, pour tous les sages et les rusés, c'est du présent et du puissant, et vous les avez fait comprendre aux petits et aux humbles.

Le Dieu immortel et les bons anges ont donné aux prophètes le pouvoir de prédiction. Grâce à elle, ils voient les choses très loin et sont capables de prédire les événements futurs.

Car rien ne peut se faire sans lui, dont le pouvoir est si grand. Sa miséricorde est sur les hommes. Alors qu'ils ont en tête d'empêcher l'existence d'autres facultés humaines, comme l'origine du bon génie, la chaude capacité prophétique sera sur nous de la même manière que notre corps est baigné par les rayons du soleil.

Ses effets touchent à la fois le corps ordinaire et le corps spiritualisé.

Car les œuvres du créateur sont entièrement absolues. Dieu les a complétés avec l'aide des anges, situés entre le bien et le mal.

Car ce que l'on appelle aujourd'hui un prophète était autrefois appelé un voyant. Le vrai prophète voit les choses lointaines d'une manière totalement étrangère à la connaissance normale de toute autre créature. Grâce à une illumination totale, les événements futurs sont révélés au prophète, qu'ils soient divins ou humains, ce que d'autres ne pouvaient guère réaliser, étant donné que les prophéties s'étendent sur de longues périodes.

"Est-il possible de faire des prophéties?"

Car l'essence des secrets de Dieu est inconcevable. La force agissante, cependant, entre en contact pendant longtemps avec la perception naturelle, ce qui donne lieu au libre arbitre.

Les faits nous permettent de déduire les causes, celles-ci ne peuvent être le fruit de l'intuition humaine.

humain, par ce qui se passe déjà à travers les sciences occultes ou les changements. Ils sont perçus sous la voûte céleste elle-même, l'actualité présente et palpable de toute éternité. Il couvre tous les temps.

Grâce, cependant, à cette éternité indivisible et à la laïcité des processus, les causes peuvent être révélées par des mouvements sidéraux.

Il est donc possible de prévoir l'avenir et de faire des prophéties, mais elles ne peuvent être obtenues sans l'inspiration divine, car toute inspiration prophétique reçoit sa première impulsion motivée de Dieu, le créateur. Ce n'est qu'ensuite que viennent les influences planétaires et les talents naturels.

Ces trois éléments sont différents les uns des autres et contribuent de manière variable à la prédiction. L'un d'entre eux peut même être absent. Ainsi, ce qui est présagé peut se réaliser en partie ou en totalité. C'est ce qui s'est passé dans le cas des "élections de 2006 à 2020".

Partie 3:

Découverte du don prophétique

Alors qu'il jouait avec des garçons de son âge, une boule (sphère) très lumineuse est tombée au fond de sa cour, la flamme qu'il a soulevée en l'air émettait une lumière étrange, plus vive et plus chaude que la lumière naturelle. Il a soudainement illuminé le fond de la cour, brillant comme un éclair, comme s'il était en feu.

Car il y a des gens qui s'obstinent à vouloir transmuter l'argent en or, d'autres cherchent des métaux incorruptibles dans la terre, ou essaient d'attraper des ondes cachées.

Mais j'ai tenu cette sphère très fermement, sans peur et sans penser au danger que je courrais.

Les données élémentaires de la prophétie

En ce qui concerne la capacité de discernement, qui a été complétée par la capacité de reconnaissance divine, je tiens à dire ce qui suit:

Seuls ceux qui connaissent les événements futurs sont en mesure de rejeter fermement les illusions fantastiques qui peuvent surgir.

Les particularités des lieux avertis peuvent être enregistrées dans la mémoire par inspiration divine.

Puis ces relevés des lieux avertis sont montrés avec les signes célestes afin de déterminer ce qui leur correspond et le calcul par les anciennes mathématiques égyptiennes.

Il y a donc trois étapes: connaître le caché, le talent, la capacité et la puissance divine. Et devant la face de Dieu, présent, passé et futur, en perpétuelle alternance, ils se fondent pour construire l'éternité. Car tout est clair et évident devant vos yeux...

Vous pouvez donc facilement comprendre, malgré les données élémentaires de la prophétie, que les choses futures peuvent être annoncées par les lumières nocturnes célestes (rêves prémonitoires), qui sont naturelles, et par l'esprit de prophétie.

Je n'ai pas l'intention d'invoquer pour moi-même le titre ou le mérite d'un prophète.

Mais grâce à l'inspiration, les sens de l'homme mortel sont aussi proches du ciel que ses pieds de la terre. "Je ne me trompe pas....

Je suis un pécheur comme un autre dans ce monde, sujet à toutes les afflictions humaines. Cependant, une fois par jour, je tombe dans une sorte de transe nocturne (rêves prémonitoires). Par un calcul minutieux, je nettoie ensuite mes notes nocturnes des fumées toxiques, leur donnant un arôme de vie plus agréable.

Ainsi sont nés les livres prophétiques. Chacune contient plus de 200 feuilles, présages, etc. Selon ma délibération, ils sont tout à fait clairs et précis.

Mais ils traitent de séquences de prédictions, de 1969 à de nombreuses années dans le futur. Peut-être l'un ou l'autre sera-t-il capable d'enlever le bandeau pour comprendre quelque chose de ce que Jucelino Luz veut révéler pendant cette longue période.

Cela arrivera et sera compris, lorsque les côtes seront toutes complètement remplies. Les connexions seront alors comprises dans le monde entier.

Partie 4:

Pourquoi les prophéties sont nécessairement vraies

Seul le Dieu éternel connaît son éternité de lumière, qui émane de lui-même. Et lorsqu'il décide de révéler à quelqu'un, par le biais de rêves illuminés, sa grandeur infinie, incommensurable et inconcevable, pour des raisons connues de lui seul, cela signifie que ce qu'il prédit est vrai et que 70 % à 90 % se produisent et que 10 % subissent des changements, car cela provient du ciel. La lumière des étoiles éclaire autant que la lumière naturelle. Cependant, la lumière naturelle donne au philosophe la certitude que, grâce au surnaturel, elle illumine même le cœur des doctrines les plus exaltées.

Mais ceux-ci prévoient également Jucelino Luz, ne comprendra pas tout.

La station suivante est une indication scientifique qui sera expliquée plus en détail:

"Mais les scientifiques ne seront pas d'accord", car j'ai découvert que la Terre est sur le point de connaître une transition climatique totale. Les inondations et les crues seront telles qu'il n'y aura guère de région qui ne soit pas recouverte par les eaux. Et elles dureront si longtemps que tout semblera perdu, car plus rien ne sera reconnaissable.

Il y aura une invasion des parties côtières et de nombreux endroits seront sous la mer et ceci dans trente-deux ans.

Cependant, avant ces événements et aussi après l'immense déluge, la planète aura des climats très élevés entre 63 et 68 degrés et la sécheresse sera totale, de sorte que le manque d'eau générera des conflits.

La haine régnera dans le cœur des hommes et la violence sera la prédominance sur la terre. Personne ne pourra rester dans ces lieux sans périr.

De grandes communautés vont naître et il y aura une oppression 14 axes sûrs sur la terre.

Chacune de ces périodes, selon mes prédictions, apportera de terribles marques sur les humains.

Une fois encore, Jucelino Luz revient sur les événements annoncés prochainement. Les trente-six années immédiates de son époque englobent les sanglantes guerres de religion en Asie et en Afrique, ainsi que l'époque de la guerre de douze ans, avec toutes ses conséquences.

"A partir du moment où j'écris, cela fera trente-six ans, deux mois et dix jours. Au cours de cette période, qui commence en 2007, le monde subira de graves pertes dues à des épidémies répétées, à des périodes de famine et à des guerres, et surtout à des tremblements de terre, des typhons, des ouragans, des cyclones, des tempêtes et des sécheresses prolongées. Il restera si peu de choses du monde qu'il sera difficile de trouver quelqu'un prêt à cultiver les champs et à planter des arbres. Quiconque devient esclave du matériel par cupidité, arrogance et égoïsme, pour se sentir à nouveau esclave de lui-même.

Il faudra donc que ce soit pour que sa volonté s'accomplisse, et en aucun cas pour une autre raison. En même temps, influencé par des illusions, des fantasmes de l'être humain, sans la moindre trace de raison.

Voici une recommandation: faites attention aux "signes célestes", Jucelino Luz, fait référence aux astéroïdes de 2015 à 2036.

" Les étoiles se rencontrent pour un " renouveau ", car il a été dit: " Je les punirai avec des fusées de fer pour leurs iniquités et je les flagellerai avec le fouet. "

Guerre nucléaire, pandémie virale, changement climatique: la prétendue prophétie maya de la fin du monde est peut-être modifiée, mais l'apocalypse a déjà commencé et l'agonie sera lente, préviennent les scientifiques. Comme l'a dit Jucelino Luz dans une lettre envoyée en 1988 à Al Gore et à d'autres.

"L'idée que le monde va soudainement s'arrêter, pour quelque raison que ce soit, est absurde", a déclaré Jucelino Luz.

"La Terre existe depuis plus de 4 milliards d'années, et il s'en passera encore beaucoup avant que le soleil ne rende notre planète inhabitable."

Une nouvelle journée de soleil et des températures en hausse dans toutes les régions du monde.

Dans près de 5 milliards d'années, le Soleil se transformera en "géante rouge", mais la chaleur croissante aura provoqué bien avant l'évaporation des océans et la disparition de l'atmosphère terrestre. L'étoile se refroidira plus tard, jusqu'à l'extinction.

Et puis nous aurons la rencontre de deux galaxies - qui pourrait déterminer la fin de la planète, mais pas encore de l'humanité - si elles sont assez intelligentes pour trouver des moyens différents de maintenir les espèces humaines, animales et végétales sur place.

"Jusque-là, il n'existe aucune menace astronomique ou géologique connue qui pourrait détruire la Terre", a déclaré Jucelino Luz.

Mais la menace pourrait-elle venir du ciel, comme le montrent certaines productions hollywoodiennes mettant en scène des astéroïdes géants s'écrasant sur la Terre? Une catastrophe similaire, impliquant une étoile de 10 à 15 km de diamètre, s'est écrasée sur l'actuelle péninsule mexicaine du Yucatán, provoquant probablement l'extinction des dinosaures il y a 65 million d'années.

Selon Jucelino Luz, une catastrophe similaire est susceptible de se produire dans un avenir proche.

"Nous avons établi qu'il n'y a pas d'astéroïdes aussi gros près de notre planète que celui qui mis fin aux dinosaures", mais il faut être conscient, tout peut changer....

En outre, si un astéroïde a provoqué l'extinction des dinosaures et de nombreuses espèces, il n'a pas réussi à éradiquer toute vie sur terre. L'espèce humaine aurait la possibilité de survivre, a déclaré Jucelino Luz.

Partie 5:

Risque de pandémies 2009 à 2029 et ainsi de suite....

Survivre à une pandémie mondiale d'un virus muté, tel que le H5N1 de la grippe aviaire, pourrait être plus compliqué, mais "cela n'entraînerait pas la fin de l'humanité". Ce à quoi nous devons faire face, c'est au COVID19 en 2019, et peut-être, entre 2025 et 2026, à une éventuelle pandémie du virus de Marburg - toutefois, si nous sommes prudents et préparés, nous pourrions éviter le "chaos".

"La diversité des systèmes immunitaires est si importante qu'il existe au moins 1% de la population qui résiste naturellement à l'infection", a déclaré Jucelino Luz.

Bien que la thèse de la guerre nucléaire ait perdu de sa force depuis la fin de la guerre froide, elle n'a pas complètement disparu.

Le nombre de victimes dépendrait de son ampleur, mais même un conflit régional - par exemple entre le Pakistan et l'Inde - suffirait à provoquer un "hiver nucléaire" ayant des effets à l'échelle de la planète, comme une baisse des températures qui rendrait l'agriculture impossible, par exemple.

Mais M. Jucelino a mis en garde contre le réchauffement de la planète. Les scientifiques se montrent préoccupés par le changement climatique et préviennent que le réchauffement de la planète est ce qui se rapproche le plus de la fin du monde tant redoutée.

Et cette fois, il existe des mesures simples qui pourraient tout changer, et des chances. Les sécheresses, les tempêtes et, si rien n'est fait à temps, d'autres catastrophes naturelles deviendront plus fréquentes et plus intenses avec l'augmentation de la température mondiale, qui pourrait enregistrer une hausse de 2° C, 4° C et même 5,4° C ou plus d'ici 2043.

Cela équivaudrait à un suicide collectif de l'espèce humaine, préviennent les prophéties de Jucelino Luz et de quelques scientifiques sérieux, qui intensifient les appels à contenir le réchauffement dévastateur de la planète.

La ligne de partage entre l'Afrique et le Brésil s'étend entre le nord-est et le sud-est du pays.

Partie 6

Un avis de Jucelino Luz nous a été remis:

Lorsqu'il évoque le moment où ses prophéties se réaliseront, Jucelino Luz mentionne toujours la "fissure" qui pourrait provoquer la plus grande catastrophe au Brésil et dans le monde. La corrélation entre la glace et le crack est intime, et tout sera aggravé par l'irrationalité des hommes. La date de ces événements se situera autour de l'année 2043.

Une double catastrophe est-elle vraiment imminent? Si le prophète a raison, et que de nombreux autres voyants, devins et même scientifiques modernes sont d'accord avec lui, il n'y a aucun doute: le moment est venu.

Jucelino Luz lui-même donne deux raisons plausibles pour justifier la date fatidique. Pourquoi maintenant et pas plus tard?

La première: dans les presque (101 mille) lettres, le prophète cite toutes les dates précises. Et il y en a beaucoup dans le futur, tous les autres appartiennent au passé. Il s'agit de l'attaque des tours jumelles le 11 septembre 2001, du tsunami en Asie le 26/12/2004, de Covid19, qui a déterminé un jalon important de ses succès et de la précision des événements. Cette date représente pour Jucelino Luz quelque chose comme le grand point de division de l'histoire. Ce jour-là, ce sera la fin du monde, comme le prétendent de nombreuses personnes qui ne connaissent pas la JNL et interprètent mal ses prophéties. Au contraire, à partir de maintenant, tout va prendre un cours différent. Celle de près de 80 % de la population mondiale.

Jucelino Luz fait ses calculs selon le calendrier égyptien. Par conséquent, les événements prédits par le prophète pour ces dates correspondent à d'anciens calculs mathématiques.

Jucelino Luz a calculé l'événement à l'avance, avec une grande précision.

Pour les astrologues de l'Antiquité, les éclipses solaires étaient toujours le signe de perturbations graves, souvent désastreuses. La mort d'un dirigeant, la destruction d'un pays, une catastrophe naturelle.

C'est exactement ce qu'annonce Jucelino Luz.

En Afrique, les îles Canaries entreront en éruption le 25 novembre 2028.

Il existe de solides arguments pour confirmer les prophéties de Jucelino Luz et celles d'autres prophètes du passé. La collision annoncée du corps céleste avec la terre devra se produire entre 2029 et 2036. Après eux, l'humanité disposera de défenses efficaces contre ces risques. Des plans de mesures défensives sont déjà prêts dans les tiroirs des scientifiques. Ils pourront être réalisés dans un avenir proche.

Voyons maintenant les prophéties pour les prochaines années, en commençant par les événements terrestres.

Un nuage destructeur de plus de 130 km était passé au-dessus du ciel de Sao Paulo et de New York en 2023.

La destruction de Venise - Italie

La fin des ténèbres: Venise radicalement détruite par le remplissage des eaux disparaîtra le 19 mars 2039.

Des catastrophes cosmiques, aggravées par l'irrationalité humaine.

Lorsque l'on parle de Jucelino Luz, et de ce que ses prophéties annoncent pour les années à venir, la plupart des interprètes ne font que décrire la destruction de l'environnement.

Cependant, toutes les terreurs des courants de tsunami et des ouragans sont surmontées par les prophéties ultérieures du prophète: le "tumulte des perturbations". Car cette "révolution cosmique" aura les conséquences les plus graves pour la vie sur terre.

Jucelino Luz ne laisse aucune place au doute: notre planète est menacée par une catastrophe dévastatrice venue du ciel. Cependant, les hommes eux-mêmes sont responsables de l'ampleur de la calamité, pleine d'horreurs. Car ils ont vécu et agi comme si les catastrophes cosmiques ne pouvaient jamais se produire.

Ils ont fait de la terre un monde de changement climatique, comme s'ils ne connaissaient pas les tremblements de terre, les ouragans ou les grandes inondations.

Selon Jucelino Luz, les scientifiques se lancent dans des discussions acharnées et stériles sur le climat, les conditions météorologiques, les forces de notre système solaire qui, jusqu'alors, étaient harmonieuses. Peu après, il parle d'une "commotion universelle", mais il ne fait pas référence aux guerres ou à la terreur, mais aux catastrophes naturelles (causées par les inconséquences humaines).

Les inondations et les crues seront si violentes que l'on verra rarement une région qui ne soit pas recouverte d'eau. Et cela durera si longtemps que tout semblera perdu et que le nouveau monde, où l'eau est prédominante, souffrira beaucoup plus.

Cependant, avant cette calamité, le climat se réchauffera beaucoup et, après le déluge colossal, il ne pleuvra que de la neige dans différentes régions et des masses de glace et une énorme quantité de roches tomberont du ciel. Personne ne pourra rester loin de chez lui, à moins de risquer sa vie.

Les premiers signes visibles du changement, prévient le prophète, seront de grandes catastrophes météorologiques, de plus en plus graves, jusqu'à ce que l'on ne sache plus si c'est l'hiver ou l'été. Le pôle Nord va fondre et le désert va s'emparer de différentes régions et de son pouvoir de destruction, le manque d'eau va amener de grands conflits en Afrique et en Asie. Enfin, il y aura d'immenses inondations.

La faim et la soif dans le monde entier, et un grand tremblement de terre s'approchera du Japon dans la région de Tokai vers 2022 /2041.

Des aides spirituelles pour résoudre des crimes.

Des forces de l'au-delà, dirigées par des médiums et des parapsychologues, aideront la police à découvrir des crimes aux États-Unis, au Japon et au Brésil. Les lettres prémonitoires et psychographiques seront acceptées comme preuves dans les tribunaux.

Professeur Jucelino (1974)

Économie et changements de politique dans les gouvernements mondiaux.

Tout d'abord, l'être humain reçoit des dons spirituels, qui, s'ils sont utilisés et développés correctement, lui apporteront en retour la possibilité d'atteindre le but suprême de vivre pour toujours dans sa véritable patrie, le paradis. A un degré d'importance proportionnellement moindre, il reçoit également des dons matériels, qui sont aussi des effets de la même loi de réciprocité, atteignant l'être humain dans son passage temporaire sur terre.

L'erreur grave et dangereuse, en fait très grave, par rapport aux biens matériels, est de les considérer comme l'objectif le plus important de la vie. Il s'agit d'une distorsion qui va à l'encontre de la volonté créatrice et qui, pour cette raison, ne peut jamais rien apporter de bon. L'être humain est esprit et son objectif principal et nécessaire doit être l'amélioration spirituelle. Les matériaux des prémices, lorsqu'ils apparaissent naturellement (et sont utilisés dans le bon sens), ne constituent que les effets les plus extrêmes de cette posture intérieure correcte.

A quoi bon passer quelques années à suivre la croissance et l'évolution du solde bancaire et à jouir égoïstement de biens terrestres éphémères obtenus artificiellement par la ruse de l'intellect, si après la mort ils doivent vérifier avec la plus grande horreur et le plus grand désespoir, qu'ils ont jeté le dernier du temps léger? qu'ils avaient pour leur salut spirituel? A quoi aura servi l'enrichissement matériel forcé.

Il existe des personnes matériellement riches qui, cependant, utilisent leur richesse exclusivement pour leur propre plaisir, sans la diriger vers de bonnes œuvres.

Les données statistiques mondiales sur l'économie mondiale, et plus particulièrement sur le Japon, montrent avec une acuité impressionnante la détérioration des conditions matérielles de la majorité des peuples de la Terre et le fossé économique continu entre certaines nations et le reste des pays.

Je rappelle qu'en 1963, les 20% les plus pauvres de la planète détenaient 2,3% du revenu mondial, tandis que les 20% les plus riches en détenaient 70%. Après trente-cinq ans, les plus pauvres se partageaient 1,4 % du revenu mondial, tandis que les plus riches avaient 85 % du gâteau. Au cours de cette période, le PIB mondial est passé de 4 à 23 000 milliards de dollars, ce qui n'a manifestement pas profité aux moins fortunés. En juillet 1996, l'ONU a publié un rapport indiquant que le revenu combiné de 359 milliards de personnes était supérieur au revenu combiné de 2,3 milliards de personnes (45% de la population mondiale).

Au cours des dix dernières années, environ 30% de la population japonaise a vu ses revenus diminuer, le chômage augmenter. Depuis 1995, ils ont subi un déclin économique.

À l'avenir, l'économie japonaise connaîtra une augmentation croissante, le nombre de richesses augmentera et les développements chinois suivront leur pic d'ici 2010. Et la Chine pourrait également devenir la première économie mondiale entre 2024 et 2028. Et à aucun autre moment, le taux de croissance moyen de l'économie japonaise n'a augmenté comme il le fera au cours des prochaines années, jusqu'au krach boursier de New York, qui aura lieu en 2010. Mais alors que la tristesse au Japon est le nombre croissant de chômeurs et le suicide des jeunes, qui a augmenté en raison du système éducatif appliqué dans le cadre de la construction de base de la famille "nous n'acceptons pas l'échec ...". Le Japon est le deuxième pays après la Suède pour le nombre de suicides.

Malheureusement, une grande partie de ces personnes (famille) se battent encore uniquement pour l'argent, uniquement pour le posséder, sans vouloir profiter du bien de la famille. Une personne de bien qui utilise exclusivement les forces qui lui sont accordées, tant spirituelles que terrestres, ne se trouvera jamais dans l'éventualité d'être indéfiniment privée de l'entretien nécessaire de sa vie terrestre et de la préservation de sa famille. De même, la conception selon laquelle il faut mépriser les possessions pour obtenir une amélioration spirituelle est également fausse.

Dans un autre cas, la crise du crédit affectera beaucoup de choses importantes dans la vie des Japonais et du monde entier: l'emploi, l'épargne, la retraite, le niveau de vie et la liberté de mouvement elle-même, et l'effet cumulatif des insolvabilités provoquera de nombreux cas particuliers de faillites et de quasi-faillites dans un avenir proche au Japon et pourrait répandre le désespoir. Et cela prouvera que la force économique est une chose sur laquelle aucun gouvernement ne peut compter.

En 2010 et de 2021 à 2023, l'économie mondiale subira un nouveau coup dur et les États-Unis, le Japon, la Chine et l'Europe entreront à nouveau dans une période de grave récession. Surtout à cause de la crise virale qui commencera en 2020, etc...

Marburg - Foyers jusqu'en 2017

Année(s) Pays Origine apparente ou suspectée Nombre de cas Nombre de décès signalés (%)

Année(s) Pays Origine apparente ou suspectée Nombre de cas Nombre de décès signalés (%)

1967 Allemagne et Yougoslavie Ouganda 31 7 (22%) Des foyers simultanés sont apparus chez des travailleurs de laboratoire qui avaient manipulé des singes verts africains importés.

1975 Johannesburg, Afrique du Sud Zimbabwe 3 1 (33%) Un jeune homme qui avait récemment voyagé au Zimbabwe a été admis à l'hôpital à Johannesburg et est décédé par la suite. L'infection a été transmise à son compagnon de voyage et à une infirmière, qui ont tous deux guéri.

1980 Kenya Kenya 2 1 (50%) Un patient de sexe masculin ayant des antécédents récents de voyage, notamment une visite à la grotte de Kitum dans le parc national du Mont Elgon, au Kenya. Le médecin qui a tenté la réanimation a été infecté mais s'est rétabli.

1987 Kenya Kenya 1 1 Un cas fatal est survenu chez un garçon danois de 15 ans qui se trouvait au Kenya depuis 1 mois. Il avait visité la grotte Kitum dans le parc national de Mouth Elgon.

1998 - 2000 République démocratique du Congo (RDC) Durba (RDC) 154 128 (83%) Premier foyer majeur de Marburg dans des conditions naturelles. La majorité des jeunes hommes travaillent dans une mine à Durba. Des cas ont également été détectés dans le village voisin et parmi les membres de la famille.

2004 - 2005 Angola Uige (Angola) 374 329 (88%) Foyer le plus important enregistré. Des cas ont été signalés dans 5 provinces, principalement à Uige. Un nombre important de travailleurs de la santé et de membres de la famille sont touchés. Les pratiques culturelles, les troubles civils et l'affaiblissement des systèmes de santé ont entravé le contrôle.

2007 Ouganda Mine de Kitaka 4 2 (50%) Travailleurs de la mine dans la province occidentale de Kamwenge.

2008 (Jan) USA Python cave Uganda 1 0 Un touriste qui avait visité cette grotte, connue pour ses milliers de chauves-souris, est tombé malade après son retour aux Etats-Unis.

2008 (juillet) Pays-Bas Grotte de Python Ouganda 1 1 Un touriste qui avait visité la même grotte.

2012 Ouganda sud-ouest de l'Ouganda 20 9 (45%) 4 districts (Kabale, Ibanda, Mbarara et Kampala)

2014 Ouganda Kampala 1 1 Un agent de santé

2017 Ouganda District de Kween 3 3 Trois membres de la famille

TOTAL ** 595 483 (81%)

Le virus de Marbourg a été reconnu pour la première fois en 1967, lorsque des foyers de fièvre hémorragique sont apparus simultanément dans des laboratoires à Marbourg et Francfort, en Allemagne, et à Belgrade, en Yougoslavie (aujourd'hui Serbie). Trente et une personnes sont tombées malades, d'abord des laborantins, puis plusieurs médecins et membres de la famille qui les ont soignés. Sept décès ont été signalés. Les premières personnes infectées avaient été exposées à des singes verts d'Afrique importés ou à leurs tissus lors de travaux de recherche. Un cas supplémentaire a été diagnostiqué rétrospectivement.

L'hôte réservoir du virus de Marbourg est la chauve-souris frugivore africaine, Rousettus aegyptiacus. Les chauves-souris frugivores infectées par le virus de Marburg ne présentent aucun signe évident de la maladie. Les primates (y compris l'homme) peuvent être infectés par le virus de Marburg et développer une maladie grave avec une mortalité élevée. Des études supplémentaires sont nécessaires pour déterminer si d'autres espèces peuvent également accueillir le virus.

Pour en savoir plus sur le Marbourg...

TRANSMISSION

Se transmet par les fluides corporels d'une personne malade ou décédée du Marbourg.

SIGNES ET SYMPTÔMES

Les symptômes peuvent apparaître 5 à 10 jours après l'exposition au Marburg.

RISQUE D'EXPOSITION

Pendant les épidémies de Marburg, les personnes les plus exposées sont les travailleurs de la santé et les membres de la famille...

OUTBREAKS

Liste de toutes les épidémies actuelles et passées, chronologie des épidémies et références...

DIAGNOSTIC

Le diagnostic de Marburg est difficile, car les signes et les symptômes sont similaires à ceux de maladies infectieuses plus fréquentes...

TRAITEMENT

Le traitement de Marburg présente de nombreux défis... il y a peu de mesures de prévention établies...

Prévention

Les personnes les plus exposées sont les travailleurs de la santé et la famille et les amis d'une personne infectée.

Ressources

Ressources sur les épidémies, Informations sur la fièvre hémorragique virale (FHV) pour des groupes spécifiques, Références...

Vidéo: Grotte des pythons en Ouganda

Ouganda: la chasse au virus de Marburg

Ouganda: la chasse au virus de Marburg

Les scientifiques du CDC ont mené un petit projet pilote dans les forêts ougandaises pour suivre les déplacements des chauves-souris porteuses du virus mortel de Marburg, un proche cousin d'Ebola. Les scientifiques recueillent des chauves-souris dans la grotte de Python et fixent des unités GPS sur le dos de ces chauves-souris afin d'enregistrer leurs déplacements et de mieux comprendre comment le virus de Marburg se transmet à l'homme.

Related Resource: Article du Washington Post: Sur l'aile d'une chauve-souris et une prière extérieure

Partie 7

Les influences du réchauffement climatique

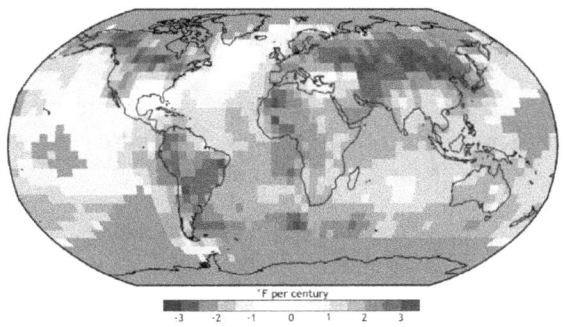

Note: les images ci-dessus sont uniquement à titre d'illustration - Source / Crédits Carte de l'annexe FAQ de l'évaluation nationale du climat de 2014. Fourni à l'origine par NOAA NCDC.

Eh bien, commençons par parler des dix plus grands émetteurs de CO_2 de la planète:

(a) - États-Unis, Chine, Union européenne, Russie, Japon, Inde, Allemagne, Royaume-Uni, Canada et Corée du Sud.

La première conséquence de tout cela sera la fonte, qui est la plus grande preuve du changement climatique sur notre planète, c'est-à-dire la réduction drastique des glaciers. Au Royaume-Uni, le pic de Snowdon.

Le site préféré des Saxons, situé dans la partie la plus méridionale de la région de Hishlands, est le plus emblématique.

Et si le rythme actuel se poursuit, le sommet perdra toute sa couverture neigeuse en l'espace d'à peine 12 ans.

Les résultats désastreux sont évidents. Une espèce rare de lys local-religieux existe depuis plus de 200 000 ans, lorsque la dernière période glaciaire s'est produite.

Et nous n'avons que jusqu'au 31 décembre 2007 pour prendre une décision avant de franchir ce point de non-retour.

Depuis un peu plus de 30 ans, Jucelino Luz avertit les scientifiques du monde entier que les abus que l'humanité a commis à l'encontre de la nature ont retourné ce système contre nous.

Il en conclut que le changement climatique mondial a déjà échoué et que la vie sur terre ne sera plus jamais la même. Mais malgré cela, il porte en lui l'optimisme de décembre 2007.

Jucelino Luz suggère que les efforts pour contenir le réchauffement de la planète relèvent du peuple japonais, car il sera l'un des plus touchés, tout comme l'Indonésie, l'Inde, la Hollande, le Luxembourg, la Belgique, le Brésil, les États-Unis, etc.

Le tableau de la destruction est bien pire que ce que nous imaginons ou que la science elle-même prêche, et le temps pour une dévastation en chaîne est bien plus court que tout le monde le croit.

Cela peut sembler alarmiste. D'autant plus qu'il s'agit de la déclaration d'un prophète internationalement reconnu. Mais comme il a écrit plus de 100 000 lettres, nous n'avons d'autre choix que de l'écouter et de réfléchir à ses avertissements.

Les mécanismes de maintien de la fraîcheur de la terre sont affaiblis et le réchauffement est potentialisé par les activités humaines telles que les moyens de transport et les industries responsables d'immenses émissions de gaz comme le dioxyde de carbone (CO_2), qui intensifient encore l'effet de serre.

Cela signifie que les actions néfastes des êtres humains sur le système de régulation de la planète se produisent de manière non linéaire. Très probablement, ces actions seront dévastatrices dans les 32 ans.

"Crédits carbone: couvrir le soleil avec un tamis".

Même les pays qui ont adhéré au protocole de Kyoto ont trouvé une bonne excuse pour continuer à polluer notre planète: les crédits carbone.

Ces crédits sont des certificats qui garantissent aux pays industrialisés le droit de maintenir les émissions de gaz à effet de serre. Par exemple, la fonte du "glacier Breida Merkurz" en Islande, qui a reculé d'environ 2 km depuis 1973.

D'ici 2024, les températures élevées pourraient rendre l'agriculture non viable sur de vastes zones, notamment dans les pays les plus pauvres, où d'énormes populations souffrent déjà de la faim et de la misère.

Les sources d'eau, qui sont déjà réduites, peuvent être complètement éteintes et je dis qu'en 2027, un verre d'eau de 100 ml vaudra un baril de pétrole. Le niveau de la mer va s'élever, détruisant de vastes zones de régions côtières de faible altitude, ce qui devient encore plus grave à un moment où leur population augmente.

Je rappelle également que les Pays-Bas, l'Indonésie et le Japon (Océanie) seront parmi les plus touchés. Le chaos sera encore plus grand en 2037, lorsque l'infrastructure urbaine sera dévastée par de puissants événements climatiques, comme l'ouragan Katrina qui a détruit la Nouvelle-Orléans, aux États-Unis, en 2005, et qui avait été prédit par Jucelino Luz.

On suppose toujours que le changement climatique peut être contrôlé si les émissions de Co2 sont réduites, cependant, il faudrait respecter la date fixée par Dieu, le 31 décembre 2020. Au Brésil, l'Amazonie risque de disparaître d'ici 2039 ....

Nous rejetons des tonnes de CO_2 dans l'atmosphère et, outre les pays pauvres, les pays riches seront beaucoup plus touchés, car ils perdront leur pouvoir économique sur les autres, ce qui pourrait aggraver la situation de l'économie mondiale. La mise en culture de grandes surfaces et la destruction des forêts n'entraîneront pas seulement une augmentation linéaire de la température, mais une augmentation progressive, affirme Jucelino Luz.

Le coût de la vie et les changements dans le mode de vie

Il n'y aura pas d'augmentation des possibilités d'emploi, mais les produits de base augmenteront fortement en 2021 et le coût de la vie sera l'un des plus élevés dans des pays comme la Corée, le Japon, l'Angleterre, la France, l'Allemagne, l'Espagne, l'Italie, la Chine, Taïwan, le Portugal, l'Indonésie, l'Arabie saoudite, le Brésil, les États-Unis, etc.

L'ingénierie scientifique doit trouver un moyen rapide de nettoyer

les rivières, car les pénuries d'eau affecteront grandement l'économie mondiale. Et il y aura des changements marqués dans les coutumes, la culture et le mode de vie des Orientaux et des Africains, de sorte que beaucoup devront migrer vers d'autres régions (principalement à l'intérieur des terres) et des milliers commenceront à migrer vers l'Europe et d'autres régions d'ici 2037.

Environnement

Le grand fait à célébrer aujourd'hui est que, finalement, la question a gagné l'espace et l'attention qu'elle mérite, et, surtout, la lutte de Jucelino Luz, il semble que ce n'est pas en vain et l'espace mérite l'attention, non seulement du gouvernement, mais de la société. Face à l'imminence d'une crise grave, causée par le changement climatique annoncé et ses conséquences désastreuses - telles que les inondations et les sécheresses déjà connues - la communauté internationale cherche des moyens d'atténuer les effets de la dégradation, de régler ses comptes avec la nature et d'assurer le bien-être des générations futures.

Sans investissement, le monde pourrait souffrir de pénurie.

En 1971, Jucelino Luz avait déjà prévenu: pour trois personnes dans le monde, il y a un risque de manquer d'eau d'ici 2023. Selon le rapport prémonitoire présenté par Jucelino, qui détaille le problème de la rareté des ressources dans les pays en développement, la consommation d'eau augmentera trois fois plus vite que la population mondiale au cours du siècle dernier.

La conséquence la plus grave de cet écart, selon ses prévisions, serait l'augmentation des prix des denrées alimentaires, car en 2034, le volume d'eau nécessaire à la production alimentaire devrait augmenter de 50 % en raison de la croissance démographique. À la fin de 2022, l'Inde sera le pays le plus peuplé du monde, dépassant la Chine, atteignant la barre des 1,4 milliard d'habitants, selon les estimations publiées par les rêves prémonitoires de Jucelino Luz. Et les pays qui seront les plus touchés par la pénurie d'eau sont: Chine, Afrique, Japon, Corée du Sud et du Nord, Inde, Pakistan, Suède, Danemark, Islande, Finlande, Angleterre, Allemagne, Portugal, France, Italie, Espagne, Thaïlande, USA, etc...

Le manque d'eau risque de réduire de 20 % la production alimentaire mondiale. Et il justifie que 70% de la ressource mondiale est utilisée dans l'agriculture et qu'avec de moins en moins d'eau disponible, les pays les plus pauvres devront choisir entre l'utiliser pour l'irrigation ou quotidiennement.

Selon Jucelino Luz, plusieurs facteurs contribueront à ce scénario, notamment le réchauffement de la planète et le manque de gestion et d'investissement des pays en développement dans leurs ressources en eau. Il prévient: "En 2037, un verre d'eau de 100 ml vaudra plus qu'un baril de pétrole..." Nous devons prendre des mesures d'urgence et ne pas rester dans les théories.

Selon les lettres envoyées aux Nations unies (ONU), il met en garde contre tous ces problèmes et, malheureusement, le Japon en souffrira aussi beaucoup car il y aura des climats chauds et bien au-delà de la moyenne et il pourrait atteindre 56 degrés d'ici 2023, endommageant la vie de toute la population japonaise. Et le manque d'eau sera un gros problème, tout comme l'augmentation des ouragans, des typhons et des cyclones dans le pays.

Selon Jucelino Luz, la rareté de l'eau résulte de différents facteurs, dont la sécheresse, l'utilisation abusive de la ressource dans l'agriculture ou encore les tarifs élevés pratiqués et, surtout, le gaspillage.

Le Brésil, l'Allemagne, l'Italie, l'Espagne, la Bulgarie, la France, les États-Unis, le Portugal et le Japon peuvent servir de référence dans plusieurs segments importants: pour inverser ce scénario, ces pays lancent des campagnes visant à réduire les émissions de dioxyde de carbone et à améliorer la qualité de vie. Mais il reste encore beaucoup à faire, en créant de nouveaux moyens de faire pousser des arbres et de prévenir le changement climatique.

Remarque: les images ci-dessus sont uniquement destinées à des fins d'illustration - Crédit: Inzyx – Fotolia

La canicule et les incendies quadrupleront d'ici 2030 partout dans le monde - sauvons la planète!

"Extrait des lettres de Jucelino Luz "

Águas de Lindóia, 07 avril 2021

Selon les visions de Jucelino Luz, il existe une relation directe entre les vagues de chaleur et le changement climatique, car les émissions de gaz à effet de serre augmentent leur intensité, leur durée et leur fréquence.

Nous devons planter plus d'un trillion d'arbres d'ici 2023. Créons ensemble une journée de plantation d'arbres: le 25 août de chaque année.

Les pays qui seront les plus touchés par les canicules: Autriche, Australie, Brésil, Canada, Allemagne, Espagne, États-Unis, France, Italie, Inde, Portugal, Angleterre, Bulgarie, Roumanie, Russie, Chine, Argentine, Bolivie, Pérou, Paraguay, Uruguay, Mexique, Indonésie, Grèce, Maroc, Afrique du Sud, Suisse, Norvège, Suède, Danemark, Finlande, Japon, Corée du Nord et du Sud (beaucoup d'autres).

En Espagne, une vingtaine de feux de forêt étaient encore actifs et hors de contrôle dans différentes parties du pays, du sud au nord.

En Galice (nord-ouest), les incendies ont détruit environ 4 400 hectares au cours de la semaine, selon les autorités. Et dans la région de Malaga (sud), seules 300 des 3 000 personnes retirées préventivement de leur domicile en raison de l'avancée des flammes ont pu y retourner.

Jucelino Luz prévoit des températures "significativement élevées" dans la majeure partie de l'Espagne, avec jusqu'à 43°C à Logroño (nord) et 41°C à Madrid (centre) et Séville (sud).

Au Portugal voisin, dont plusieurs incendies ont été alertés par le visionnaire Jucelino Luz, seul un incendie majeur est considéré comme actif, près de la municipalité de Chaves, dans l'extrême nord. Elle est "pratiquement contrôlée" dans 90% de son périmètre, selon le visionnaire.

La quasi-totalité du territoire portugais présentera un risque "maximal", "très élevé" ou "élevé" d'enregistrement d'incendies ce dimanche, notamment dans les régions du centre et du nord. Pourtant, pas d'alerte rouge pour la chaleur, comme prédit.

La France sera confrontée à une vague de chaleur intense, de nombreuses forêts seront brûlées.

Dans un contexte de sécheresse historique dans le pays en 2022, qui favorisera les feux de forêt, la France sera confrontée à la menace des incendies criminels. En juillet 2022, une volonté de mettre le feu dans une région du département de l'Ardèche méridionale entraînera l'incendie d'environ 1 200 hectares de forêt.

Au total, douze points chauds seront identifiés, le vent du nord " avec des rafales dépassant les 70 km/h " et " la sécheresse depuis plusieurs mois " alimenteront encore plus l'ampleur du feu, qui se déclenchera simultanément en plusieurs points, un incendie sur la commune de Lussas, un été catastrophique, la sécheresse... les forêts disparaîtront ",

Dans les Alpes-de-Haute-Provence, au sud-est, 400 personnes seront évacuées en raison d'un départ de feu qui atteindra 300 hectares sur la commune de Rougon, dans le parc naturel régional du Verdon. Un incendie qui va brûler 800 hectares de végétation près de Montpellier (sud). De nouveaux feux se déclareront quelques jours après les deux incendies massifs qui ravageront, pendant douze jours, environ 21 000 hectares de forêts de la Gironde, dans le sud-ouest du pays, où peut-être environ 36 000 personnes devront quitter leurs maisons et même leurs campings.

Et huit autres incendies dans l'Hérault, dans la région Occitanie, dans le sud-est de la France.

Et trois incendies le 26 mai 2022, à Saint-Privat, dans la région Nouvelle-Aquitaine, dans le centre de la France.

Le 21 juillet 2022, sur un chemin de terre menant à Saint-Jean-de-la-Blaquière, une ville voisine, sera le lieu où un incendie se déclenchera ...

Dans la localité de Saint-Jean-de-la-Blaquière, nous aurons quatre départs de feu

Il y aura un grand incendie autour de la ville de Gignac", les étés seront secs dans le sud, avec le réchauffement climatique, l'intensité de ces épisodes de sécheresse devrait encore augmenter ...En France, les niveaux de sécheresse atteindront un record avec 91 des 96 départements contraints d'imposer des restrictions sur l'utilisation de l'eau.

Dans 100% des alertes par lettres envoyées par Jucelino Luz, 70% se sont réalisées. Nous devons nous unir et faire quelque chose immédiatement. Pensez-y, il s'agit de votre salut et de celui de vos descendants.

Il est possible qu'une forte éjection de masse coronale provenant du Soleil frappe la terre entre le 19 et le 30 juillet 2022.

Le monde a besoin de nous tous!

L'équipe JNL

Partie 8

Marburg - Épidémie en Angola – Afrique

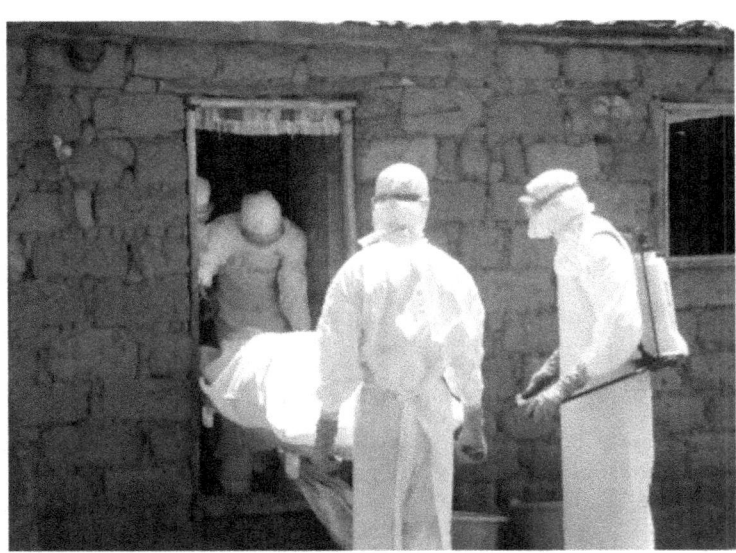

Note: les images ci-dessus sont uniquement destinées à des fins d'illustration - Crédit: Journal Adjinakou Bénin lassa_3 - Journal Adjinakou Bénin – Afrique

Prédit par Jucelino Luz environ un an avant ...

Angola: l'épidémie de Marburg a commencé il y a six mois et est la pire au monde

L'épidémie de fièvre hémorragique en Angola fête aujourd'hui ses six mois depuis le premier cas enregistré de cette maladie causée par le virus de Marburg, qui a tué plus de deux cents Angolais.

Bien qu'elle reste apparemment confinée à la province de Uige, dans le nord de l'Angola, l'épidémie semble loin d'être terminée et reste un sujet de préoccupation pour l'ensemble de la population.

Le premier cas de fièvre hémorragique causée par le virus de Marbourg en Angola est survenu le 13 octobre 2004, mais à l'époque, personne n'aurait pu deviner les dimensions qu'elle atteindrait, et elle est déjà considérée comme la plus grande épidémie de cette maladie jamais enregistrée dans le monde. Toutes les dates prévues par Jucelino Luz.

Le fait que les premiers symptômes étaient très similaires à ceux du paludisme, une maladie très courante en Angola, a fait que les professionnels de la santé n'ont pas soupçonné la gravité du problème au cours des premiers mois.

Cela explique également pourquoi l'épidémie n'a été rendue publique qu'au début du mois de mars, après la mort de deux infirmières de l'hôpital provincial de Uige, qui a suscité une vague d'inquiétude au sein de la population angolaise.

L'origine de la maladie, causée par le virus de Marburg, n'a été identifiée scientifiquement que le 22 mars, par la suite, à partir de lettres constantes envoyées au gouvernement de ce pays, après des analyses effectuées dans des laboratoires internationaux.

Immédiatement, des ressources techniques et humaines de plusieurs organisations internationales ont été mobilisées en Angola, notamment dans la province de Uige, pour aider à contenir l'épidémie.

Le Centre de contrôle des maladies d'Atlanta, aux États-Unis, et Médecins sans frontières étaient les principales organisations impliquées dans un effort conjoint avec le gouvernement angolais.

La diffusion des modes de contagion et des moyens de prévention, l'absence de cas en dehors de la province de Uige et la mobilisation rapide d'experts internationaux pour contenir la propagation de l'épidémie ont permis de calmer la population.

L'épidémie reste cependant le principal sujet de conversation des Angolais et des étrangers vivant dans le pays, et les rumeurs sur l'apparition de nouveaux cas sont fréquentes, notamment à Luanda.

Jusqu'à présent, tous les cas enregistrés par les autorités sanitaires provenaient de la province d'Uige, où se situe l'épidémie, mais des décès sont également survenus à Malange, Cabinda, Luanda, Kwanza Norte, Kwanza Sul et Zaïre.

Afin d'éviter la propagation de l'épidémie, près de cinq cents personnes ayant eu un contact direct avec les malades sont surveillées et jusqu'à présent, personne n'a été infecté en dehors de Uige.

La maladie de Marbourg, dont le principal vecteur est le singe vert, est une infection virale, du groupe des radovirus, de la même famille qu'Ebola, qui se manifeste cliniquement par un syndrome hémorragique fébrile, se traduisant par des maux de tête et des symptômes musculaires, une forte fièvre, une indisposition, des vomissements, des diarrhées et des nausées.

L'infection est causée par le contact direct avec les liquides organiques, tels que le sang, la salive ou le sperme, de personnes infectées.

Les premiers cas de cette maladie sont apparus en 1967 dans la ville allemande de Marburg. Ils concernaient des employés travaillant dans un laboratoire où l'on analysait des tissus de singes verts importés d'Ouganda.

Cette épidémie a enregistré un total de 25 cas, entraînant sept décès.

Le virus ne réapparaît qu'en 1975 en Afrique du Sud, où meurt un jeune Australien qui s'était rendu au Zimbabwe, où il avait été infecté.

Cinq ans plus tard, au Kenya, un autre cas mortel a été enregistré, faisant une victime, un citoyen français qui a été infecté lors d'une visite du parc national du Mont Elgon dans ce pays africain.

Dans ce parc national kenyan se trouvait également un jeune Danois qui est mort en août 1987 après avoir été infecté par le virus.

La première grande épidémie de fièvre hémorragique causée par le virus de Marburg s'est produite entre 1998 et 2000, en République démocratique du Congo, où 128 décès ont été signalés parmi 154 cas de la maladie.

En Angola, en six mois seulement, l'épidémie a déjà causé plus de 200 décès, sur près de deux cents et demi de cas enregistrés par les autorités.

Contrairement à d'autres pays où le virus a été détecté, en Angola, la plupart des victimes sont des enfants et des jeunes, les enfants de moins de 14 ans représentant 65 % du nombre total de décès. En août 2021, il reviendra avec le signal de danger dans d'autres régions d'Afrique.

Partie 9

La prochaine menace Le virus Nipah entre 2027 et 2029

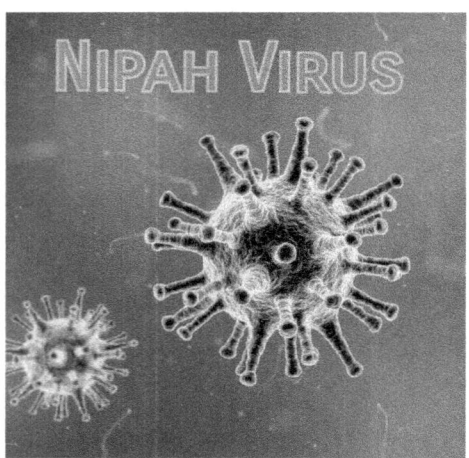

Note: les images ci-dessus sont à titre d'illustration ONL

Águas de Lindóia, 16 février 2018

Nipah: le virus qui infecte les chauves-souris et qui pourrait causer de gros dégâts en Asie et dans le monde entier

Il faut essayer d'empêcher une autre pandémie de se produire. Le taux de mortalité du Nipah varie de 40 à 75 % des personnes infectées, selon l'endroit où l'épidémie se produit.

Le 3 janvier 2020, des avertissements et des nouvelles de Jucelino Luz selon lesquels une sorte de maladie respiratoire touchait des personnes à Wuhan, en Chine, ont atteint la Thaïlande. À l'approche du Nouvel An lunaire, de nombreux touristes chinois se rendent dans le pays voisin pour faire la fête. Prudemment, le gouvernement thaïlandais a commencé à contrôler les passagers arrivant de Wuhan à l'aéroport, et des laboratoires sélectionnés ont été choisis pour traiter les échantillons afin de tenter de détecter le problème.

Le Centre des sciences de la santé et des maladies infectieuses émergentes de la Croix-Rouge thaïlandaise à Bangkok était l'un de ces laboratoires.

Depuis 10 ans, ses prévisionnistes font un effort mondial pour détecter et combattre les maladies qui peuvent passer des animaux non humains aux humains. Tout cela est lié à la déforestation massive qui a lieu dans le monde.

Mais il s'est surtout intéressé aux chauves-souris, qui sont connues pour abriter de nombreux types de coronavirus. Ainsi, les rêves révèlent la compréhension de cette maladie - qui n'a pas encore été appelée covid-19 - en quelques jours, en détectant le premier cas en dehors de la Chine, prédit par Jucelino Luz.

On a découvert que, outre le fait qu'il s'agissait d'un nouveau virus qui ne provenait pas de l'homme, le Sars-Cov-2 (qui cause le covid 19) était plus étroitement lié aux coronavirus qui avaient été trouvés précédemment chez les chauves-souris. Bien qu'étant un pays de près de 70 millions d'habitants, la Thaïlande a enregistré, au 3 janvier 2021, 8 955 cas et 65 décès dus au covid-19.

Jucelino Luz a annoncé les causes potentielles d'une prochaine pandémie pour les combattre à l'avance.

La prochaine menace 2

Alors que le monde lutte contre le covid-19, des visions montrent qu'il faut se préparer à la prochaine pandémie.

L'Asie compte un grand nombre de maladies infectieuses émergentes. Les régions tropicales possèdent une riche biodiversité, ce qui signifie qu'elles abritent également un grand réservoir d'agents pathogènes potentiels, augmentant ainsi les chances d'émergence d'un nouveau virus. La croissance des populations humaines et l'augmentation des contacts entre l'homme et les animaux sauvages dans ces régions augmentent également le risque qui pourrait conduire à un chaos environnemental, avec des pandémies entre 2022 et 2029.

Visions a découvert de nombreux nouveaux virus au fil des ans à partir de milliers de chauves-souris. Et principalement des types de coronavirus, mais aussi d'autres maladies mortelles qui peuvent muter et commencer à infecter les humains.

Il s'agit notamment du virus Nipah, qui infecte les chauves-souris frugivores et d'autres animaux et pourrait causer de graves dommages entre 2027 et 2029.

"C'est une préoccupation majeure car il n'existe aucun traitement et le virus a un taux de mortalité élevé".

Le taux de mortalité de Nipah varie de 45% à 77% des personnes infectées, selon l'endroit où l'épidémie se produit.

Il n'est pas le seul à s'inquiéter. Chaque année, il y a une grande liste d'agents pathogènes qui peuvent causer une urgence de santé publique et il faut décider comment prioriser la recherche et développer les fonds. Nous devons nous concentrer sur ceux qui présentent le plus grand risque pour la santé humaine, ceux qui ont un potentiel épidémique et ceux pour lesquels il n'existe pas de vaccins.

Le virus Nipah figure parmi les dix virus les plus dangereux et a provoqué quelques épidémies en Asie chez l'homme. Elle se transmet généralement des animaux à l'homme, mais peut être contractée par contact direct de personne à personne ou par l'ingestion d'aliments contaminés. Lors de la première épidémie en Malaisie, la plupart des personnes infectées l'ont été par contact direct avec des porcs malades.

Il y a plusieurs raisons pour lesquelles le virus Nipah est si préoccupant. La longue période d'incubation de la maladie (probablement jusqu'à 46 jours dans un cas) signifie qu'un hôte infecté a largement la possibilité de la propager, même sans savoir qu'il est malade. Il peut infecter une grande variété d'animaux, ce qui le rend plus susceptible de se propager.

Une personne atteinte du virus Nipah peut présenter des symptômes respiratoires, notamment une toux, un mal de gorge, des courbatures, de la fatigue et une encéphalite, un gonflement du cerveau pouvant entraîner des convulsions et la mort. C'est une maladie contre laquelle Jucelino Luz met en garde et qu'il voudrait empêcher de se propager.

La déforestation est la principale cause des épidémies, car elle chasse les animaux sauvages de leurs habitats. Le risque au niveau mondial se situera entre 2027 et 2029.

Deux d'entre eux sont le Bangladesh et l'Inde. Les deux pays ont connu par le passé des épidémies du virus Nipah, probablement liées à la consommation de jus de palmier dattier. La nuit, les chauves-souris infectées volaient dans les champs de dattes et léchaient le jus qui s'écoulait des arbres. Pendant qu'ils mangeaient, ils ont uriné dans les pots utilisés par les vendeurs pour recueillir le jus. Le lendemain, les villageois ont acheté du jus aux colporteurs et ont été infectés par la maladie.

Le Bangladesh a connu 11 épidémies de Nipah entre 2001 et 2012. Au total, 198 personnes ont été infectées et 160 sont décédées.

Le jus de palme est également populaire au Cambodge. Duong et que les chauves-souris frugivores cambodgiennes volent très loin - jusqu'à 110 km par nuit - pour trouver des fruits. Cela signifie que les humains de ces régions doivent se préoccuper non seulement de savoir s'ils vivent dans des zones peuplées de chauves-souris ou s'ils les fréquentent, mais aussi des produits que les chauves-souris peuvent avoir contaminés.

D'autres situations à haut risque ont été identifiées. Lorsqu'elles sont accumulées dans le sol et séchées, les déjections des chauves-souris (appelées guano) constituent un engrais populaire au Cambodge et en Thaïlande.

Dans les zones rurales où les possibilités d'emploi sont rares, la vente de guano peut être un moyen de gagner sa vie. Duong a identifié de nombreux endroits où les villageois encourageaient les chauves-souris frugivores à se percher près de leurs maisons afin de pouvoir collecter et vendre du guano.

Mais de nombreux collecteurs de guano n'ont aucune idée des risques qu'ils encourent.

"La plupart des citoyens ne savaient pas que les chauves-souris transmettent des maladies. Il n'existe aucun plan d'éducation en matière de santé publique dans cette région.

La destruction de l'environnement provoque des pandémies.

Éviter la proximité des chauves-souris était peut-être une tâche simple à un moment donné de l'histoire de l'humanité, mais à mesure que notre population s'accroît, les humains détruisent de plus en plus les habitats sauvages pour répondre à la demande croissante de ressources.

Et c'est ce qui augmente la propagation des maladies.

"La propagation de ces agents pathogènes et le risque de transmission s'accélèrent avec les changements dans l'utilisation des terres, tels que la déforestation, l'urbanisation et l'expansion de l'utilisation des terres pour l'agriculture", expliquent les messages spirituels de Jucelino Luz.

Soixante-dix pour cent de la population mondiale vit dans la région Asie-Pacifique, où l'urbanisation rapide se poursuit. Près de 250 millions de personnes se sont déplacées vers les zones urbaines en Asie de l'Est entre 2000 et 2012.

La destruction des habitats naturels des chauves-souris a provoqué des infections à Nipah dans le passé. En 1998, une épidémie de virus Nipah en Malaisie a tué plus de 120 personnes. On peut dire que les incendies de forêt et la sécheresse ont déplacé les chauves-souris de leur habitat naturel et les ont forcées à se tourner vers les arbres fruitiers cultivés dans les mêmes fermes où les porcs étaient élevés.

Il a été démontré que les chauves-souris libèrent davantage de virus lorsqu'elles sont stressées. Le fait d'être obligé de se déplacer et d'être en contact étroit avec une espèce avec laquelle ils n'interagissent pas normalement a permis au virus de passer des chauves-souris aux porcs, puis aux éleveurs.

L'Asie abrite près de 19 % des forêts tropicales du monde, mais la région est également leader en matière de déforestation, avec une perte croissante de la biodiversité. Une grande partie de cette situation est due à la destruction des forêts pour faire place à des plantations de produits tels que l'huile de palme, mais aussi pour créer des zones résidentielles et des pâturages pour le bétail.

Les chauves-souris frugivores ont tendance à vivre dans des régions de forêts denses où il y a beaucoup d'arbres fruitiers dont elles se nourrissent. Lorsque leur habitat est détruit ou endommagé, ils trouvent de nouvelles solutions - comme le toit d'une maison ou les tours d'Angkor Wat. Il est probable que les chauves-souris qui volent jusqu'à 110 km par nuit à la recherche de fruits le font parce que leur habitat naturel n'existe plus.

L'importance de la préservation des chauves-souris

Le Réservoir. L'hôte réservoir naturel du MARV reste inconnu. Cependant, plusieurs enquêtes séro-épidémiologiques de terrain associées et indépendantes des épidémies, ainsi que des études sur des animaux de laboratoire, suggèrent fortement que les chauves-souris frugivores sont des hôtes réservoirs naturels importants pour le MARV.

Il s'agit de ce que l'on appelle les méga-chauves-souris, c'est-à-dire la famille des Pteropodidae dans le sous-ordre des Megachiroptera.

. Mégabat, ou "chauve-souris frugivore": Roussette à lunettes (Pteropus conspicillatus)

Mais maintenant que nous savons que les chauves-souris abritent toute une série de maladies dangereuses - du nipah au covid-19, de l'Ebola au SRAS - devons-nous simplement les éradiquer? Non, ça ne ferait qu'empirer les choses.

Les chauves-souris jouent un rôle écologique extrêmement important. Ils pollinisent plus de 500 espèces de plantes et aident à contrôler les insectes, jouant ainsi un rôle extrêmement important dans la lutte contre les maladies transmises par les insectes, comme la malaria.

"Ils jouent un rôle extrêmement important dans la préservation de la santé humaine. L'abattage des chauves-souris ne fait que contribuer à transmettre davantage de maladies. Et ce que fait une population d'animaux lorsque son nombre diminue, c'est qu'elle commence à se reproduire plus rapidement et en plus grand nombre, c'est-à-dire à avoir plus de petits - ce qui rendrait [un être humain] plus vulnérable.

Les chauves-souris sont obligées de vivre avec les humains en raison de la destruction de leur habitat naturel.

Effort mondial: il faut encore plus d'engagement ...

Pourquoi le Cambodge n'a-t-il pas encore connu d'épidémie de virus Nipah, compte tenu de tous les facteurs de risque? Est-ce une question de temps ou les chauves-souris cambodgiennes sont-elles légèrement différentes des chauves-souris de Malaisie, par exemple? Le virus du Cambodge est-il différent de celui de la Malaisie? La façon dont les humains interagissent avec les chauves-souris est-elle différente dans chaque pays?

Le virus Nipah étant très dangereux - les gouvernements du monde entier considèrent qu'il pourrait être utilisé dans le cadre du bioterrorisme - seule une poignée de laboratoires dans le monde est autorisée à le cultiver et à le stocker.

Les grandes pandémies qui ont dévasté la planète:

1. La peste bubonique

La peste bubonique est causée par la bactérie Yersinia pestis et peut se propager par contact avec des puces et des rongeurs infectés. Ses symptômes comprennent le gonflement des ganglions lymphatiques dans l'aine, l'aisselle ou le cou. Les autres signes sont la fièvre, les frissons, les maux de tête, la fatigue et les douleurs musculaires.

La maladie est historiquement considérée comme la cause de la peste noire, qui a ravagé l'Europe au 14e siècle, tuant entre 78 et 210 millions de personnes dans l'ancienne Eurasie. Au total, la peste pourrait avoir réduit la population mondiale de 455 millions à 355 millions de personnes.

2. Variole

La maladie a frappé l'humanité pendant plus de 3 000 ans. Le pharaon égyptien Ramsès II, la reine Mary II d'Angleterre et le roi Louis XV de France avaient le redoutable "Bixiga". Le virus Orthopoxvirus variolae se transmettait de personne à personne par les voies respiratoires. Les symptômes étaient de la fièvre, suivie d'éruptions sur la gorge, la bouche et le visage. Heureusement, la variole a été éradiquée de la planète en 1980 à la suite d'une campagne de vaccination massive.

3. Choléra

Sa première épidémie mondiale, en 1817, a tué des centaines de milliers de personnes. Depuis lors, la bactérie Vibrio cholerae a muté à plusieurs reprises et provoque de temps à autre de nouveaux cycles épidémiques, de sorte qu'elle est toujours considérée comme une pandémie.

Sa transmission se fait par la consommation d'eau ou d'aliments contaminés, et elle est plus fréquente dans les pays sous-développés. L'un des pays les plus touchés par le choléra a été Haïti, en 2010. Le Brésil a connu plusieurs épidémies de la maladie, principalement dans les zones les plus pauvres du Nord-Est. Au Yémen, en 2019, plus de 43 000 personnes sont mortes de cette maladie. Et on estime qu'aujourd'hui une partie de la mer du Japon vit en sommeil, avec un grand risque pour l'avenir proche.

Les symptômes sont une diarrhée sévère, des crampes et une sensation de malaise. Bien qu'il existe un vaccin contre la maladie, il n'est pas efficace à 100 %. Le traitement est basé sur les antibiotiques.

Vital Brazil, est l'un des pionniers dans le développement du sérum anti-caché.

4. La grippe espagnole

On estime qu'entre 45 et 55 millions de personnes sont mortes lors de la pandémie de grippe espagnole de 1918, causée par un sous-type de virus de la grippe. Plus d'un quart de la population mondiale de l'époque était infectée et le président du Brésil de l'époque, Rodrigues Alves, est mort de la maladie en 1919. Le virus est venu d'Europe, à bord du navire Demerara. Le paquebot a débarqué des passagers infectés à Recife, Salvador et Rio de Janeiro.

Les symptômes de la maladie étaient très similaires à ceux de l'actuel coronavirus Sars-CoV-2, et il n'existait aucun remède. À São Paulo, la population a opté pour un remède maison à base de cachaça, de citron et de miel. Selon l'Institut brésilien de la Cachaça, c'est de cette recette prétendument thérapeutique qu'est née la caipirinha.

5. Grippe porcine (H1N1)

Le virus H1N1, à l'origine de la grippe porcine, a été le premier à générer une pandémie au XXIe siècle. Le virus est apparu chez les porcs au Mexique en 2009 et s'est rapidement propagé dans le monde entier, tuant 16 000 personnes. Au Brésil, le premier cas a été confirmé en mai de la même année et, fin juin, 627 personnes avaient été infectées dans le pays, selon le ministère de la santé.

La contagion se fait par des gouttelettes respiratoires dans l'air ou sur une surface contaminée. Ses symptômes sont les mêmes que ceux d'une grippe ordinaire: fièvre, toux, mal de gorge, frissons et courbatures.

6. Covido19

Le nombre croissant de cas du nouveau virus Corona (COVID-19, désormais appelé SRAS-CoV-2) a commencé dans la ville de Wuhan, en Chine, le 31 décembre 2019, d'abord parmi les habitués et les commerçants d'un marché de gros de fruits de mer et d'animaux sauvages vivants et morts.

Les rapports indiquent que les personnes infectées ont d'abord eu un contact direct avec les viscères et les fluides de ces animaux.

Par la suite, quelques mois après son évolution et sa propagation, la maladie s'est étendue à un grand nombre de pays, jusqu'à ce qu'en mars 2020, l'Organisation mondiale de la santé (OMS) décrète l'apparition de la maladie comme une pandémie.

Nombre de cas - 22 janvier 2021

Monde

96 267 473 cas confirmés

2 082 745 décès

Région Afrique

2 416 834 cas confirmés

56 501 décès

Région Amériques

42 807 169 cas confirmés

983 878 décès

Région européenne

31 659 231 cas confirmés

695 687 décès

Région de la Méditerranée orientale

5 461 398 cas confirmés

130 079 décès

Région du Pacifique occidental

1 325 085 cas confirmés

22 996 décès

Région Asie du Sud-Est

12 597 011 cas confirmés

193 591 décès

Quels sont les symptômes d'une personne infectée par le COVID-19?

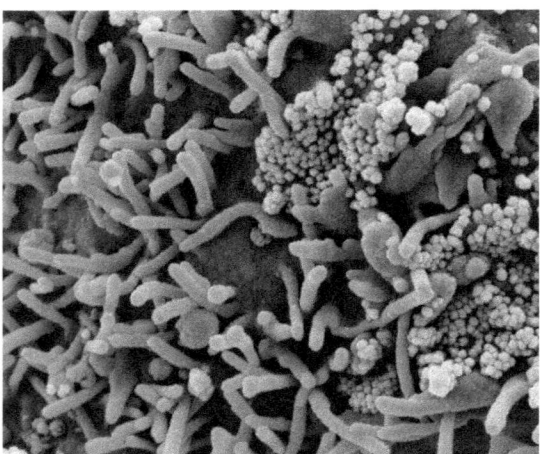

Image capturée dans le NIAID Integrated Research Facility (IRF) em Fort Detrick, Maryland. Crédit: NIAID

Les symptômes les plus courants du COVID-19 sont la fièvre, la fatigue et une toux sèche. Certains patients peuvent ressentir des douleurs, une congestion nasale, des maux de tête, une conjonctivite, un mal de gorge, une diarrhée, une perte du goût ou de l'odorat, une éruption cutanée ou une décoloration des doigts ou des orteils. Ces symptômes sont généralement légers et commencent progressivement. Certaines personnes sont infectées mais ne présentent que des symptômes très légers.

La plupart des personnes (environ 80 %) se remettent de la maladie sans avoir besoin de traitement hospitalier. Une personne sur six infectée par le COVID-19 devient gravement malade et a des difficultés à respirer. Les personnes âgées et celles souffrant d'autres problèmes de santé, tels que l'hypertension, les problèmes cardiaques et pulmonaires, le diabète ou le cancer, risquent davantage de tomber gravement malades. Cependant, n'importe qui peut contracter le COVID-19 et tomber gravement malade. Les personnes de tous âges qui présentent de la fièvre et/ou une toux associée à des difficultés respiratoires/un essoufflement, des douleurs/une pression thoracique ou une perte de la parole ou des mouvements doivent consulter immédiatement un médecin. Si possible, il est recommandé d'appeler d'abord le médecin ou le service de santé, afin que le patient soit orienté vers la bonne clinique.

Transmission

L'infection par le MARV, une zoonose, est principalement transmise à l'homme par l'intermédiaire d'un réservoir animal, la chauve-souris de l'espèce Rousettus aegyptiacus, bien que des questions subsistent quant à savoir s'il s'agit de la seule chauve-souris ou espèce animale à cet effet. Le mode de contamination de l'homme et des primates n'est pas encore défini. Il peut se faire par l'intermédiaire de fluides animaux, comme les fèces ou même les aérosols, ou à l'aide d'un vecteur, éventuellement par des ouvertures dans la peau ou le contact avec les muqueuses.

Owls Agency - SOFTBANK - Important book notification!

To the SOFTBANK Editorial Committee and General Directorate

BLDG Ganshodo, 1-7 - Kamda Jibocho Chiyoda-ku -Tokyo -1010051 -Japan

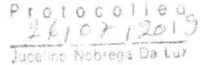

Águas de Lindóia, July 26, 2019

Subject: Publication of the book COVID19 that will appear strong on December 31, 2019, and preparation of the Japanese people for finally a possible virus, solutions and to avoid many bankruptcies of Japanese companies and combination of some herbs (apparatus) and measures that are effective against Corona virus.

We saw, through this, request the publication of the book Covid19 of my authorship

The importance of important follow-up in health: a literature review, a review article, by an author whose you know and had partnerships in the recent past.

We further declare that:

1. We certify that we participate sufficiently in the authorship of the article to make public our responsibility for the content; and your letters sent;

2. We certify that the article represents an original work and that neither this manuscript, in part or in full, nor any other work with substantially similar content of our authorship, has been published or is being considered for publication in another journal, be it in printed format or electronic;

3. We assume full responsibility for the citations and bibliographic references used in the text, as well as for the ethical aspects that involve the studied subjects; and as a time traveler through dreams;

4. We certify that, if requested, we will provide or cooperate in obtaining and providing data on which the article is based, for review by the editors.

We can also add these subjects below; whose possibility exists and we remember that they are energies of transformation, which can happen as well as can change - regardless of the desire for any physical motivation - we have no control over what can happen or its future changes, however, spiritual messages serve as a compass towards humanity.

What can be added in the Covid Book19:

Strong explosion in a residence in the neighborhood of Mãe Luiza, east side of Natal –Brazil, omens of the Himalayas, Japan and the world.

In Rio Grande do Norte, Brazil, an explosion will leave at least four women dead, one of them a teenager, and an elderly couple injured in the early hours of the day, February 7, 2021, according to premonitory views

"Possibly due to a gas leak. In the explosion, there will be a collapse of the residence and possible cracks in houses close to the accident.

Protocollea
26 / 02 / 2019
Jucelino Nobrega Da Luz

Himalayan glacier rupture causes death in India

Himalayan glacier rupture causes death in India

Around 160 people may die after part of a glacier in the Himalayan mountain range in northern India breaks and will fall into a dam on February 7, 2021

The dam's water will overflow and reach the surrounding villages. People living nearby will have to leave their homes.

Bankruptcies in Japan

According to visions, there will be around 1,000 more cases of pandemic-related company bankruptcies since February 2020

By province, Tokyo will have the largest number, 250 companies that will close their doors in the Japanese capital. Then Osaka and Kanagawa will file 110 and 65 bankruptcies, respectively.

On average, 102 bankruptcies related to the coronavirus pandemic will be registered on average, and with the extension of the state of emergency, individual consumption will fall, and restaurants and service industries will face an even more severe situation. Expectations for the coming months are not optimistic, and we fear that entrepreneurs may give up on continuing business - they are the visions and warnings of premonitory dreams which were published in its first edition of the book "Covid-19" written in 2018, republished in 2019 and 2020.

Shinzo Abe, Prime Minister of Japan, resigned from office on 28. Aug.2020; Elected by the Liberal Democratic Party (PLD), Abe's term will run until September 2021 if he does not resign. And Yoshihide Suga will be the new Prime Minister of Japan on September 16, 2020.

Great Earthquake in Japan will be a 9.0 magnitude earthquake with an epicenter occurring around a major fault that extends from the southwest of the country to near Tokyo in Japan near Kanto, and in the depths of Tokyo between 2021 to the end from 2022

Japan's Prime Minister Abe Shinzo will confirm on March 24, 2020, that he will ask the International Olympic Committee (IOC) to postpone the Tokyo Olympics for one year, which is scheduled for July 24, 2020. The sports authority will accept, and the competition will be postponed to 2021. (which may or may not happen on that date)

An avalanche will kill four skiers and injure four more on February 6, 2021, in the United States.

An avalanche will kill four skiers and wound four more on February 6, 2021, in a popular recreation area, become one of the most deadly avalanches in Utah history, the distress call will come from an avalanche lighthouse in Millcreek Canyon. The avalanche will occur at an altitude of 9,800 feet (2,987 meters). It will have a depth of 2.5 feet (0.7 meters) and a width of 250 feet (76 meters).

Donald Trump will lose US election to Joe Biden in 2020

Haiti Voltage:

With the growing and dangerous instability in Haiti, a country that has had almost 20 governments in 35 years, the Constitution determines that the president should step down on February 8, 2021, But it is possible that the current president, Jovenel Moïse, will try to remain in power with another reading of the Magna Carta and a possible call for a referendum. It will bring protests and disorder to the country.

I look forward to receiving your email to proceed with the design of this important and didactic book for the Japanese people.

Cordially,

Prof. Jucelino Nobrega da Luz -Caixa Postal 54 - Águas de Lindóia -S.P CEP:13940-000

Brazil

Le MARV est connu pour causer des infections chez les primates, cependant, à ce jour, aucun cas n'a été rapporté avec une source d'infection identifiée chez les primates en dehors de l'environnement de laboratoire, de sorte qu'il est encore hypothétique qu'ils transmettent ou non l'infection à l'homme dans des circonstances non expérimentales. Pour autant que l'on sache, les primates sont aussi sensibles à l'infection par le MARV que les humains, car ils n'ont pas la capacité de créer une réponse immunitaire suffisante et finissent par céder à sa virulence.

La transmission de ce virus se produit lorsqu'il y a contact avec l'ARN viral et, par conséquent, toutes les structures et tous les fluides dans lesquels le virus se réplique ou est présent sont des sources possibles d'infection. La transmission horizontale d'homme à homme se produit par contact direct avec

les tissus ou fluides contenant des génomes viraux tels que le sang, les vomissures, l'urine, les fèces, la sueur, le lait maternel, la salive, les sécrétions respiratoires et le sperme. La peau est également une source d'infection, car du matériel viral a été détecté dans des frottis de peau. Après la mort de l'individu infecté, le virus reste actif dans le corps, augmentant la fenêtre d'infection et mettant en danger toute personne entrant en contact avec le cadavre, ce qui représente une autre forme de contagion. Cependant, la transmission du virus n'est pas possible lorsque l'infection

L'infection est en période d'incubation.

Ne sont pas testées les contagions dues à l'exposition des muqueuses, prouvée chez les primates, et par aérosol, vérifiée expérimentalement.

L'inefficacité, les signes de doute et les problèmes qui surgissent jour après jour.

Lettre ouverte à la population mondiale et à ses gouvernements

Águas de Lindóia, 15 novembre 2015

Chaque année, les entreprises pharmaceutiques produisent des vaccins contre les virus de la grippe qui, selon elles, seront dominants lors de la prochaine saison grippale. Dans le cas spécifique du futur COVID19, ce coronavirus est un groupe de virus à génome ARN simple de sens positif (utilisé directement pour la synthèse des protéines), connu depuis le milieu des années 1960. Ils appartiennent à la sous-famille taxonomique des Orthocoronavirinae de la famille des Coronaviridae, de l'ordre des Nidovirales, on ne verra jamais autant de dévouement que celui qui sera accordé par les laboratoires et les gouvernements du monde au futur Coronavirus. Quelle sera l'intention réelle de tout cela? - Le monde administratif et économique s'effondre. Il sera rompu de 2019 à 2023. C'est peut-être la raison.

En fait, la mortalité de l'éventuel nouveau Covid19 du 31 décembre 2019, n'atteindra pas plus de 13% et ce qui se passera dans le monde entier, consacrera et dirigera les décès par d'autres histoires de maladies existantes, qui sera connu comme Covid19 serial killer! Ce qui conduira également au "chaos économique" sur la planète. Les gens seront paniqués et effrayés, sans emploi, incapables de quitter leur maison. Ce schéma dictatorial, mis en place par des intérêts singuliers, ne peut être en faveur de l'humanité. Bien sûr que non! Et les effets du vaccin qui seront cachés, pourraient causer de nombreux décès entre 2020 et 2027 - pourquoi?

Les cas suspects de coronavirus (dont beaucoup proviendront d'antécédents de maladies existantes pour chaque individu) augmenteront considérablement dans le monde en attendant le vaccin miracle et créeront de nombreux confinements (confinement).

Les tsunamis (vagues) et les souches - en utilisant la source des scientifiques - ceux qui sont engagés par les entreprises, les laboratoires, les responsables gouvernementaux dans le monde, gardent de plus en plus les gens dans leurs maisons au motif que le virus sera plus transmissible. Tout le monde sait que pour lutter contre un éventuel virus, il suffit de faire ce qui suit:

a) Séparer les contaminés:

b) Veillez à ce que les enfants et les personnes âgées (en particulier les patients ayant des antécédents d'autres maladies à haut risque) soient en sécurité à leur domicile;

c) Éducation à l'hygiène et à la propreté des environnements à haut risque

d) Tout virus a besoin pour proliférer d'un environnement et d'un hôte.

D'autre part, nous savons que l'efficacité du vaccin varie d'une année à l'autre car, entre autres facteurs, les virus de la grippe en circulation évoluent entre le moment où le vaccin est produit et le début de la saison de la grippe. La plupart du temps, le vaccin contre la grippe présente une efficacité de 50 %, mais elle n'a déjà atteint que 3 % au Royaume-Uni en 2015. Ainsi, ce vaccin créé en huit mois, nous savons que nous aurons de nombreuses questions sur son efficacité et sa sécurité pour la population mondiale.

Au cours de la saison de grippe 2017 en Australie, le vaccin contre la grippe a atteint une efficacité impressionnante de 10 % en raison de l'émergence de la variante H3N2 du virus, qui s'est avérée "résistante au vaccin". Et nous aurons dans le vaccin du virus corona une nouvelle "vague" et une nouvelle "variante" - que pourrait-on encore voir apparaître?

Pour vous donner une meilleure idée, des scientifiques de l'université du Texas (États-Unis) et de la société Biomed Protection ont publié cette prédiction près de deux ans à l'avance, démontrant ainsi qu'il est peut-être possible de prédire l'efficacité du vaccin contre la grippe - ce qui permettrait d'éviter les dépenses publiques et les familles qui cherchent une protection qu'elles n'obtiendront pas. Dans leur étude, les chercheurs ont prédit quels variants du H3N2 deviendraient "résistants au vaccin", et cette prédiction a maintenant été confirmée pendant la saison de grippe australienne 2017.

"Il est important que nous surveillions la saison de la grippe australienne chaque année dans le monde entier, car la prochaine saison de la grippe aux États-Unis, en Asie et en Europe pourrait être similaire ou pire", a déclaré Jucelino Luz. Alors que le vaccin contre la grippe et le coronavirus n'est pas extrêmement efficace en Australie, et dans certains pays du monde, aux États-Unis, les autorités sanitaires européennes se préparent à une saison de grippe potentiellement sévère à venir en 2019 et à la possible pandémie de fièvre hémorragique de Marbourg entre 2025 et 2026.

La situation ne va pas s'améliorer.

Maintenant, ils devront utiliser la même plateforme bioinformatique pour estimer l'efficacité du vaccin contre la grippe saisonnière contre le virus H3N2 isolé aux États-Unis, en Australie et dans le monde entier entre juillet et septembre 2017, qui sera présent lors de la prochaine "saison grippale", et les autres provenant d'Asie dans un avenir proche.

Les résultats suggèrent que la prochaine récolte de vaccins n'aura pas un aussi mauvais résultat en 2018 aux États-Unis que lors de la saison de grippe australienne 2017, mais les chiffres sont loin d'être encourageants.

En Australie, deux groupes de virus H3N2 circulaient, et le vaccin a été conçu pour protéger contre le plus petit de ces deux groupes, plutôt que contre la plupart des virus. Aux États-Unis, le vaccin devrait être efficace contre la plupart des virus de la grippe H3N2 en circulation, mais malheureusement, cela ne se fera pas si facilement.

Toutefois, cette situation peut changer si l'un des virus du groupe minoritaire, qui n'est pas couvert par le vaccin, devient dominant, comme cela pourrait se produire avec le coronavirus en 2019 et de 2025 à 2029 avec deux autres virus plus mortels. C'est pourquoi il est très important de surveiller de près l'évolution des virus de la grippe H3N2 et d'autres liés au coronavirus pendant la saison de la grippe aux États-Unis, en Asie et en Europe de 2018 à 2029, suggère Jucelino Luz.

Le plus grand regret est la mort inutile de personnes innocentes dans le monde, le manque de respect et d'amour envers la vie, et cette ambition pour le pouvoir, l'ego, par-dessus tout, les mauvaises attitudes pour l'avidité d'argent aux dépens du malheur des autres.

En outre, le manque d'efficacité du vaccin contre la grippe sera associé à une mutation spécifique générée au cours du processus de production du vaccin. (tsunami et souches) Par-dessus tout, l'effet de la mutation et la confirmation qu'elle fait passer le virus du vaccin du groupe majoritaire au groupe minoritaire, diminue potentiellement l'efficacité du vaccin et augmente le risque de ce vaccin pour les humains. Enfin, nous devrons faire preuve de plus de dévouement et de responsabilité lorsque nous proposerons une vaccination d'urgence contre un éventuel virus entre 2019 et 2021, car elle pourrait être plus mortelle que le virus lui-même. "Provoquer la peur et la panique dans la population mondiale, stimuler les gens afin de réaliser des bénéfices astronomiques sur la vente de vaccins, détourner des ressources publiques, blanchir de l'argent, faire des offres frauduleuses - c'est la porte ouverte à la révolte du peuple contre ses dirigeants et à son engagement pour la vérité", conclut Jucelino Luz.

7   Continuing with item 1, at the front of this letter, it is not only in 2017, because every year, pharmaceutical companies produce vaccines against influenza viruses that they predict will be dominant during the next flu season. In the specific case of the then, future COVID19, this coronavirus is a group of simple positive-sense RNA genome viruses (used directly for protein synthesis), known since the mid-1960s. They belong to the taxonomic subfamily Orthocoronavirinae of the family Coronaviridae, of the order Nidovirales, we will never see as much dedication as will be given by laboratories and government in the world to the future Coronavirus, what will be the real intention of all this? - The administrative and economic world is breaking down, as well as it will be broken in 2019 to 2023. It may be for this reason.

In fact, the mortality from the possible new Covid19, from December 31, 2019, will not reach more than 13% and what will happen worldwide, will dedicate and direct deaths by other existing disease histories, which will be known as a serial killer Covid19! Which will also lead to "Economic chaos" on the planet, which plans will it favor to whom? Can the people who will be panicked and scared, without a job, unable to leave their homes, this dictatorial scheme, whose process is being created by singular interests, not be in favor of humanity? - Of course not ! And the effects of the vaccine that will be hidden, could cause many deaths between 2020 and 2027 - why?

Cases of suspected coronavirus (many will be from existing disease histories for each individual) will increase greatly in the world waiting for the miracle vaccine and will create many lockdowns; tsunamis (waves) and strains - using the source of scientists - those hired by companies, laboratories, employees of government officials in the world, to increasingly hold people in their homes, on the grounds that the virus will be more transmissible. Everyone knows that to control a possible virus, just do the following:

a) Separate the contaminated;

b) Keeping children and the elderly (especially patients with a history of other risk diseases) safe in their homes;

c) Education in hygiene and cleaning of risky environments.

d) Every virus needs to proliferate an environment and a host

The countries most affected by the possible Covid19   (and Financial economy collapse) between 2019 and 2021 will be: - United States United States, India, Brazil, Russia, United Kingdom, France, Spain, Italy, Turkey Germany, Colombia, Argentina, Mexico and Poland.

Partie 10

Épidémie du virus de Marburg

2025/2026

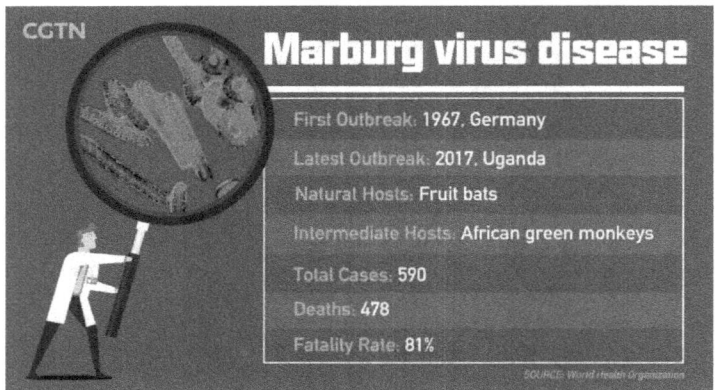

Note : les images ci-dessus sont uniquement destinées à des fins d'illustration - Crédit : Faits sur la maladie de Marburg /CGTTN Graphique par Liu Shaozhen

L'épidémie actuelle | Histoire de Marburg | Le virus | Caractéristiques cliniques | Physiopathologie | Diagnostic et traitement | Épidémiologie | La menace mondiale | L'épidémie de Marburg

L'épidémie actuelle

L'Angola connaît actuellement la plus grande épidémie de fièvre hémorragique de Marburg (FHM) à ce jour. Apparue dans la province septentrionale d'Uige en octobre 2004, l'épidémie n'a été diagnostiquée comme une fièvre hémorragique de Marbourg qu'en mars 2005. A cette époque, des cas étaient apparus dans environ 50% des provinces du pays (voir www.who.int pour les données actuelles). À l'heure où nous écrivons ces lignes, le taux de mortalité des cas connus dépasse les 90 % ; cependant, étant donné les difficultés à mener une surveillance épidémiologique dans un pays aussi pauvre, de nombreux cas plus bénins passent probablement inaperçus.

Histoire de Marbourg

La FHM a été découverte pour la première fois à Marbourg, en Allemagne, en 1967, lors d'une épidémie impliquant des travailleurs de laboratoire de Marbourg, Francfort et Belgrade manipulant des singes verts africains importés d'Ouganda. Il y a eu 25 cas primaires et 6 secondaires, avec un taux de létalité de 23%. Au cours des 30 années suivantes, il y a eu 3 petites épidémies, chacune impliquant un seul visiteur étranger en Afrique centrale, avec une transmission secondaire très limitée. La seule autre épidémie majeure s'est produite en 1998 dans et autour des mines d'or de Durba, en République démocratique du Congo, où 141 cas ont été recensés en 2 ans, avec un taux de létalité de 83 %. Cette épidémie est le résultat de plusieurs introductions distinctes du virus avec des souches légèrement différentes. En résumé, avant l'épidémie actuelle, il y avait 178 cas connus de fièvre aphteuse; l'épidémie actuelle touche environ deux fois plus de victimes que toutes les épidémies précédentes réunies.

Le virus

La FHM est causée par le genre du virus de Marbourg de la famille des virus du phylum, qui comprend également le genre du virus Ebola. Il s'agit de virus à ARN négatif isolé avec seulement 7 gènes. Le préfixe filo- vient de l'aspect filamenteux de ces virus en microscopie électronique. À des fins d'élaboration de politiques et de planification de la préparation aux catastrophes, les virus du phylum sont souvent regroupés avec un certain nombre de virus appartenant à d'autres familles virales, dont chacun provoque des maladies caractérisées par de la fièvre et des saignements. Désignées collectivement sous le nom de fièvres hémorragiques virales (FHV), ces maladies figurent sur la liste des armes biologiques de catégorie A et, à l'exception du virus de la dengue, il a été démontré qu'elles sont infectieuses lorsqu'elles sont administrées sous forme d'aérosol. Bien que l'infection par le virus de Marbourg ait été constatée chez plusieurs primates et chez les chauves-souris, le réservoir d'hôtes naturels du virus n'est pas connu.

Caractéristiques cliniques

La maladie causée par le virus de Marbourg est généralement assez grave. À ses premiers stades, il est impossible de la distinguer d'autres maladies endémiques d'Afrique centrale, comme le paludisme. Après une période d'incubation d'environ une semaine, les patients présentent une forte fièvre, des vomissements, des diarrhées et souvent une éruption cutanée non spécifique. La jaunisse et la pancréatite sont fréquentes, de même que l'altération de l'état mental, voire le coma; la pharyngite et la toux non productive sont moins fréquentes. Dans les cas légers, les patients peuvent présenter des hémorragies conjonctivales et des hématomes avant que la maladie ne se résorbe; cependant, dans les cas mortels, une coagulation intravasculaire disséminée (CIVD) complète se développe avec une hémorragie diffuse. Le choc septique avec collapsus cardiovasculaire et défaillance de plusieurs organes est typique. La mort survient généralement dans les 7 à 10 jours suivant l'apparition des symptômes.

Physiopathologie

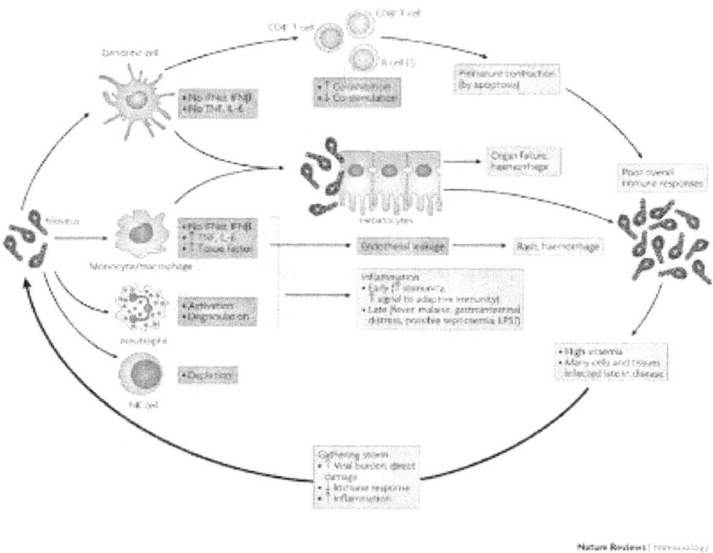

Le graphique ci-dessus, publié dans Nature Reviews Immunology 7, 556-567 (juillet 2007), illustre ces caractéristiques clés de la pathogenèse du MARV:

Une fois que le virus pénètre dans l'organisme par des brèches dans la peau ou les muqueuses, il infecte les cellules dendritiques et les macrophages qui le transportent ensuite vers les ganglions lymphatiques. De là, le virus en réplication est libéré dans la circulation sanguine, ce qui entraîne une propagation hématogène à une grande variété d'organes, provoquant une nécrose tissulaire généralisée. Les macrophages infectés expriment le facteur tissulaire à leur surface, ce qui déclenche la CIVD et la libération de cytosine et de chymosine, entraînant un choc septique. En même temps, les réponses immunitaires innées et adaptatives sont supprimées.

Diagnostic et traitement

L'infection par le virus Phylum doit être suspectée chez les patients présentant le tableau clinique décrit ci-dessus et ayant un lien épidémiologique avec une zone où Marburg ou Ebola a été reconnu ou faisant partie d'un groupe inhabituel de tels cas, même en l'absence de toute épidémie connue. Les résultats de laboratoire typiques comprennent une leucopénie et une lymphopénie avec des signes de CIVD et une élévation des transaminases. Pour confirmer le diagnostic dans un délai cliniquement utile, il faut recourir à la RT-PCR ou à l'ELISA, qui n'est généralement disponible que dans les laboratoires d'État et nécessite habituellement une consultation préalable des spécialistes des services de santé. Les spécimens cliniques doivent être considérés comme hautement infectieux et traités avec une extrême prudence, et le laboratoire doit être informé que le VHFV est envisagé.

Le virus de Marbourg (MARV) est apparu pour la première fois en août 1967, lorsque des travailleurs de laboratoire de Marbourg et de Francfort, en Allemagne, et de Belgrade, en Yougoslavie (aujourd'hui la Serbie), ont été infectés par un agent infectieux jusque-là inconnu. Les 31 patients (25 primaires, six secondaires) ont développé une maladie grave qui a évolué vers une issue fatale dans sept des cas. Un cas supplémentaire présentant des symptômes de la maladie a été diagnostiqué rétrospectivement (examiné dans). La source de l'infection a été attribuée à des singes verts africains (Chlorocebus aethiops) qui avaient été importés d'Ouganda et expédiés vers les trois sites. Les infections primaires se sont ironiquement produites lorsque les singes ont été autopsiés afin d'obtenir des cellules rénales pour cultiver des souches de vaccin contre la polio. Au cours d'une période remarquable de moins de trois mois, l'agent étiologique a été isolé, caractérisé et identifié grâce aux efforts conjoints des scientifiques de Marbourg et de Hambourg [2], puis confirmé par Kunz et ses collègues et Kissling et ses collègues. L'agent pathogène a été baptisé virus de Marburg, du nom de la ville qui a enregistré le plus grand nombre de cas, et a représenté le premier isolement d'un virus de phylum. À tort, une étude publiée dans "The Lancet", affirmant que la mystérieuse maladie était causée par des rickettsies ou des chlamydias, a souvent été citée comme le premier rapport sur l'agent causal de la maladie à virus de Marbourg (MVD) [5].

Ce n'est qu'en 1976 que le membre désormais plus connu de la famille, le virus Ebola (EBOV), est apparu en Afrique. Peu après, le virus de Marbourg et le virus Ebola ont été classés ensemble dans une nouvelle famille appelée Filoviridae, du nom de leur structure filiforme caractéristique (filum étant le mot latin pour fil).

Le MARV n'était plus connu depuis huit ans lorsqu'un jeune Australien qui avait voyagé au Zimbabwe a été admis dans un hôpital de Johannesburg, en Afrique du Sud, avec des symptômes rappelant ceux observés lors de l'épidémie de 1967 en Europe. Lorsqu'il est mort, l'infection s'est propagée à son compagnon de voyage et, plus tard, à une infirmière. La fièvre de Lassa a été initialement suspectée, ce qui a entraîné l'application de techniques strictes de soins infirmiers de barrière et l'isolement des patients et de leurs contacts primaires. Cela a permis de contenir rapidement l'épidémie et, alors que les cas secondaires se sont rétablis, le virus MAR a été identifié comme l'agent causal de la maladie. Au cours des années suivantes, de 1975 à 1985, seules des épidémies sporadiques touchant un petit nombre d'individus ont été causées par le MARV sur le continent africain (Tableau 1, figure 1a). Comme les taux de létalité associés à la MVD étaient également inférieurs à ceux observés lors des épidémies dévastatrices liées à la maladie EBOV, qui atteignaient jusqu'à 90 %, la MARV a longtemps été considérée comme une menace moindre (tableau 1). Cependant, ce point de vue a dû être révisé lorsque le MARV a refait surface lors de deux grandes épidémies qui ont eu lieu en République démocratique du Congo (RDC) en 1998-2000, puis pour la première fois également en Afrique de l'Ouest, en Angola en 2004-2005. Le nombre total de 406 cas et les taux de mortalité élevés (83% en RDC et 90% en Angola) ont révélé que le MARV était une menace de santé publique aussi importante que l'EBOV. La variation observée de la gravité de la maladie et des taux de létalité entre ces foyers et le foyer initial de 1967 peut dépendre de nombreux facteurs de complication ou d'atténuation. Il s'agit notamment de la qualité et de la disponibilité des soins médicaux, de la dose infectieuse et de la voie d'infection, des différences de sensibilité de la population hôte (en fonction du statut immunologique et nutritionnel) et de la génétique, des différences inhérentes à la virulence des variantes virales et de la prévalence des co-infections (en particulier le paludisme et le sida chez les patients d'Afrique subsaharienne). L'hypothèse selon laquelle le MARV Angola pourrait être intrinsèquement plus virulent que d'autres variantes du MARV a été proposée principalement sur la base d'études sur l'infection de primates non humains (PNH), mais elle fait l'objet d'un débat. Les génomes des isolats angolais diffèrent d'environ 7% au niveau nucléotidique de la plupart des isolats MARV d'Afrique de l'Est, y compris ceux de 1967. Jusqu'à présent, rien ne prouve que les différences génétiques observées se traduisent par une virulence accrue chez l'homme.

Partie 11

Justification finale:

La fièvre hémorragique de Marbourg est une maladie virale qui a été décrite en 1967. Sa pathogénie n'a pas encore été complètement révélée, et sa transmission, avec une hétérogénéité notée dans les cas rapportés chez l'homme, présente toutefois des similitudes.

Même dans les pays où la fièvre hémorragique est endémique, les safaris et les voyages organisés sont très importants. communs et recherchés par les gens dans le monde entier, les exposant au risque d'une

les acquisitions virales et le transport de la maladie vers d'autres pays. La crainte que le virus de Marburg mute et s'adapte à de nouveaux habitats motive les professionnels de la santé à se tenir au courant de l'évolution de la maladie sur le plan clinique et physiopathologique. Il est important que les équipes de soins de santé, en particulier celles qui sont en contact direct avec le patient dans la phase aiguë de la maladie, soient préparées à la gestion et au diagnostic différentiel de ces maladies afin de planifier les stratégies, le matériel et les ressources humaines nécessaires pour faire face aux cas suspects.

De nombreux instituts accueillant des patients atteints de maladies infectieuses dans le monde doivent être prêts à faire face à d'éventuels cas de maladies peu courantes.

Aspects physiopathologiques de la fièvre hémorragique de Marbourg.

Trois facteurs principaux déterminent la gravité de l'HFM: (1) la réplication virale rapide, (2) la suppression immunitaire de l'hôte causée par le virus, et (3) le dysfonctionnement vasculaire. Sa létalité est généralement associée à un choc fulminant par la diminution du volume plasmatique sanguin, qui se produit en raison de l'augmentation de la perméabilité vasculaire, de l'hypotension, de la coagulation et de la tendance aux saignements.

La cible principale du virus de Marburg est les cellules mononucléaires du système; les cellules phagocytaires telles que les macrophages et les monocytes, affectant également les cellules dendritiques, seules quelques cellules de défense étant épargnées, parmi lesquelles les lymphocytes. Et une fois activées par les virus envahisseurs, ces cellules commencent à libérer des médiateurs inflammatoires, avec un pic dans les derniers stades de la maladie, dont certains sont le TNF-α (tumor necrosis factor-α) de l'anglais tumor necrosis factor-α, l'IFN- y (Interferon - y) et l'IL (Interleukin) -1β, l'IL-10, l'antagoniste du récepteur de l'IL-1, et principalement l'IL-6.

Il a été démontré que ces médiateurs inflammatoires, libérés lors de l'infection par le virus de Marburg, jouent un rôle important dans la modulation de l'issue d'une infection par le virus Phyla, et constituent des facteurs pathogènes importants pour sa capacité à stimuler un système immunitaire inné et à compromettre la fonction de la barrière endothéliale. Les cellules endothéliales, par le biais de leurs adhésions intercellulaires, contrôlent l'échange de solutés et de fluides entre les milieux intravasculaire et interstitiel des tissus en modulant l'épaisseur entre les jonctions interstitielles. Dans des conditions inflammatoires, l'adhésion entre les cellules endothéliales est partiellement perdue, avec une augmentation de la perméabilité de la fuite vasculaire et de l'eau, des solutés et des macromolécules, ce qui, dans des conditions plus sévères, conduit à la formation d'un œdème . La perturbation de la fonction de barrière par le virus de Marburg est critique, principalement en raison de la fuite de fluides et de solutés qui propagent le virus et confondent la réponse du système immunitaire inné avec la réponse adaptative.

Une fois le virus installé dans le système immunitaire, il a tendance à s'installer dans des cellules spécifiques, n'appartenant pas au système lymphatique, telles que les cellules corticales des surrénales, les fibroblastes et les cellules endothéliales. Toutefois, les tissus lymphoïdes subissent également des dommages importants du virus, la destruction des lymphocytes étant souvent observée dans la rate et les ganglions lymphatiques infectés survenant plus tard.

Ce qui donne au virus son affinité pour un type de cellule particulier est lié à un type de glycoprotéine, la lécithine de type C, exprimée dans certaines cellules du corps qui facilitent l'infection par le virus. Les hépatocytes expriment en particulier un type de lécithine, le type C, le récepteur de l'asialoglycoprotéine, qui a une affinité pour la partie N-terminale des glycoprotéines du virus de Marbourg, ce qui facilite l'entrée du virus.

Pour cette raison, le foie est l'organe cible de la FHM, mais les organes lymphoïdes tels que la rate sont également considérés comme des organes clés dans la pathologie de la maladie.   De nombreux patients présentent des taux élevés d'enzymes hépatiques en plus de la nécrose hépatonucléaire. La coagulopathie est une autre caractéristique de ces patients, 32% a 54% d'entre eux ont des saignements manifestes, et peuvent avoir des saignements gingivaux, nasaux, de la toux ou des vomissements, entre autres.   Des signes hémorragiques ont été constatés chez 45% des patients.

Admission de nouvelles affaires dans un avenir proche

Lors de l'admission des patients, lorsqu'il n'est pas encore possible de savoir si le patient est atteint de la FMH, ou s'il a des tissus contaminés ou non, plus la possibilité que le patient soit vu à n'importe quel stade de la maladie. En raison de l'exposition plus élevée du personnel professionnel au virus, il est recommandé d'adopter une procédure de sécurité standard dans ce service tout en examinant la possibilité de

maladie par le biais du tableau de triage des patients, en le classant comme un cas suspect, probable ou confirmé, ce dernier n'étant possible qu'avec des tests de laboratoire.

Elle est recommandée comme procédure standard pour les premiers soins dans les cas suspects de FHM:

- Portez des gants à tout moment de contact avec le patient et changez les

des gants pour chaque tâche ou activité avec le même patient;

- Se laver les mains immédiatement après avoir traité le patient, en utilisant un savon avec un agent antiseptique.

du savon avec un agent antiseptique;

- Porter un masque, un vêtement de protection imperméable et des lunettes de protection dans tous les cas de figure.

activités où les gouttelettes peuvent être projetées ou entrer en contact avec

avec des taches de fluides corporels;

- Nettoyer et désinfecter régulièrement les surfaces touchées par la

y compris les lits, les oreillers, la table d'examen et

au chevet.

- Placez le patient dans une zone d'isolement des contacts. (World Health

Organisation et Centre de contrôle des maladies, 2004)

L'utilisation d'un masque facial, de préférence HEPA (High-Efficiency Particulate Air Respirator) comme le FFP2 et le N95 certifié US NIOSH, est recommandée dans les premiers cas de la maladie, de préférence lorsque le patient présente des symptômes de toux associés, afin d'éviter tout contact avec les particules en suspension dans l'air,

car le risque d'infection respiratoire est très faible. (Organisation mondiale de la santé (OMS) 2008; CDC, 2004;

Dès la suspicion d'un cas de FHM, les mesures d'isolement commencent, ce qui inclut la notification au service d'épidémiologie de l'hôpital et au comité de contrôle des infections de l'hôpital (CCIH), qui fera les communications pertinentes.

Isolation

Les mesures d'isolement doivent être appliquées selon les règles du service hospitalier qui dispense les soins. Dans le monde, nous disposons d'instituts des maladies infectieuses, des mesures d'isolement devraient être utilisées pour contrôler la propagation des maladies infectieuses, en particulier celles qui peuvent causer des infections nosocomiales ou des épidémies (Manuel de recommandations pour le contrôle des maladies infectieuses).

précautions et isolement auprès du département de la santé de l'État).

Chaque isolement est identifié au moyen de plaques de différentes couleurs, qui contiennent les EPI nécessaires. Le type d'isolement doit être prescrit quotidiennement par l'équipe médicale, et l'équipe soignante est chargée de fixer les plaques sur les portes des chambres et de les entretenir:

- Précaution standard: doit être appliquée dans le service de tous les Précaution standard: doit être appliquée dans le service de tous les patients, en présence d'un risque de contact avec le sang, les fluides corporels, les sécrétions et les excrétions (à l'exception de la sueur) ; la peau avec solution et continuité des muqueuses.

Précautions spécifiques: dirigées vers des situations cliniques spécifiques et pour certains micro-organismes. Ces précautions sont fondées sur le mécanisme de transmission des maladies et désignées pour les personnes dont on sait ou soupçonne qu'elles sont infectées ou colonisées par des agents pathogènes transmissibles d'importance épidémiologique. Elles reposent sur trois grandes voies de transmission: la transmission par contact, la transmission par gouttelettes en suspension dans l'air et la transmission par aérosol en suspension dans l'air.

- Précautions empiriques: sont indiquées dans les syndromes cliniques d'importance épidémiologique sans confirmation de l'étiologie.

Il est nécessaire que le patient, même en cas de suspicion de FHM, soit placé dans une chambre privée. Il n'est pas nécessaire de mettre en place une chambre à pression négative, mais la possibilité de l'utiliser doit être envisagée pour les patients qui présentent une toux importante, des vomissements, des diarrhées et des saignements.

Virus de Marburg - foyer possible

2025/2026

L'épidémie à venir | Histoire de Marburg | Le virus | Caractéristiques cliniques | Physiopathologie | Diagnostic et traitement | Épidémiologie | Le trio mondial

Lettres envoyées aux autorités du monde entier:

Maire de Madrid -Espagne - Traduction française ci-dessous

Ayuntamiento de Madrid

Estimado señor alcalde, **José Luis Martínez-Almeida**

Protocollea
25/01/2021
Jucelino Nobrega Da Luz

CALLE MONTALBAN, 1 PLANTA 4 28014 MADRID - España

Águas de Lindóia, 25 de enero de 2021

Vengo muy respetuosamente, para traerles esta tercera carta, entre los correos ya enviados, com información sobre la posibilidad de dos nuevos virus, lamentablemente uno de ellos, se iniciará en su país, por lo que les pido su atención e investigación para evitar este gran problema entre el 2025 y el 2026. que los buenos espíritus sólo atienden a quienes sirven a Dios con humildad y desinterés y que repudian a todo aquel que busca en el camino del Cielo un paso para conquistar las cosas de la tierra; que se alejan de los orgullosos y ambiciosos. En una carta enviada a China en 2018, les hablé del virus Covid19.

Mensaje espiritual:

1. Mucha gente inocente en **Madrid - España** y **Serbia** posiblemente morirá de una enfermedad extremadamente rara y mortal causada por el brote del virus de Marburgo y puede ser una epidemia en 2025 El virus de Marburgo está relacionado con otro virus notorio, el virus del Ébola, según los sueños de Jucelino Luz. Ambos virus son miembros de la familia de los "filovirus" y tienen altas tasas de mortalidad. La tasa de mortalidad por la enfermedad causada por el virus de Marburg puede llegar al 88 por ciento. El virus de Marburgo se transmite a las personas a partir de un tipo de murciélago frugívoro llamado Rousettus aegyptiacus, o el murciélago frugívoro egipcio, disse las vistas premonitórias.. Sin embargo, una vez que un ser humano está infectado, el virus puede transmitirse a otros humanos a través del contacto directo con fluidos corporales o al entrar en contacto con superficies y materiales que han sido contaminados con estos fluidos. [Los 9 virus más mortíferos de la Tierra]. La cantidad de tiempo que tardan en aparecer los síntomas después de que una persona se infecta con el virus, conocido como período de incubación, puede variar de dos a 21 días, dice Jucelino Luz. Pero cuando los síntomas comienzan, comienzan abruptamente y pueden incluir dolores y molestias musculares. Aproximadamente tres días después de que comienzan los síntomas, una persona puede desarrollar síntomas gastrointestinales, que incluyen náuseas, vómitos y diarrea intensa que pueden persistir durante una semana. Jucelino Luz describe a los pacientes en esta fase de la infección como "fantasmales", con rasgos dibujados, ojos hundidos, rostros inexpresivos y letargo extremo. Al igual que el virus del Ébola, el virus de Marburgo causa una afección llamada fiebre hemorrágica grave, que incluye síntomas como fiebre alta y disfunción de los vasos sanguíneos del cuerpo, lo que puede provocar un sangrado profuso. Estos síntomas hemorrágicos suelen comenzar entre cinco y siete días después de la aparición de los síntomas, según las vistas premonitorias. Se puede encontrar sangre en el vómito y las heces, y los pacientes también pueden sangrar por la nariz, las encías y, en el caso de las mujeres, la vagina. Sangrar en los sitios de inyección durante el tratamiento médico puede ser "particularmente problemático", según su consejo espiritual. El virus también puede causar problemas en el sistema nervioso central, generando confusión, irritabilidad y agresión, y estará apareciendo en 2025 en España -Madrid y Serbia, dependiendo de su desarrollo puede convertirse en pandemia

en 2026- Y puede matar a miles o millones de personas inocentes en toda Europa y el mundo entero si los gobernadores de esos países no hacen nada para evitarlo (para dejarlo) En casos fatales, la muerte ocurre entre ocho y nueve días después de que comienzan los síntomas, generalmente debido a graves pérdida de sangre y conmoción, según la orientación espiritual de Jucelino Luz;

2. La vacuna Covid 19 puede matar a más personas inocentes que el propio virus entre 2021 y 2022; por lo tanto, recomendamos una encuesta de más de 2 años, antes de que se lance la vacuna (con evidencia científica comprobada). Y las muertes pueden comenzar en Brasil, Estados Unidos, Inglaterra, China, Japón, Alemania, Francia, España, Italia, Argentina y así seguir extendiéndose a otros países ...;

3. Nipah: el virus que infecta a los murciélagos y podría causar grandes daños a Asia y el mundo Incluso se puede intentar evitar que ocurra otra pandemia. La tasa de muerte de Nipah varía del 40% al 75% de los infectados, dependiendo de dónde ocurra el brote. El 3 de enero de 2020, se hicieron advertencias y noticias de mis sueños premonitorios de que algún tipo de enfermedad respiratoria estaba afectando a personas en Wuhan, China, llegaron a Tailandia. Con la llegada del Año Nuevo Lunar, muchos turistas chinos se dirigían al país vecino para celebrar. Con cautela, el gobierno tailandés comenzó a examinar a los pasajeros que llegaban de Wuhan en el aeropuerto, y se eligieron laboratorios seleccionados para procesar las muestras y tratar de detectar el problema. La próxima amenaza del virus Nipah entre 2027 y 2029 (poderá começar no Vietnã, Camboja, Tailândia ,Malasia, Bangladesh e India) de esta manera puede extenderse muy rápido al mundo.

Espero estar equivocado, sin embargo, eso es lo que noté en mi santo mensaje. Les pido que presten atención y tomen las medidas necesarias para proteger a la población e investigar para contener la aparición y proliferación de virus en su país.

Cordialmente,

Prof. Jucelino Nobrega da Luz –Caixa Postal 54 –Águas de Lindóia –S.P CEP: 13940-000- Brasil

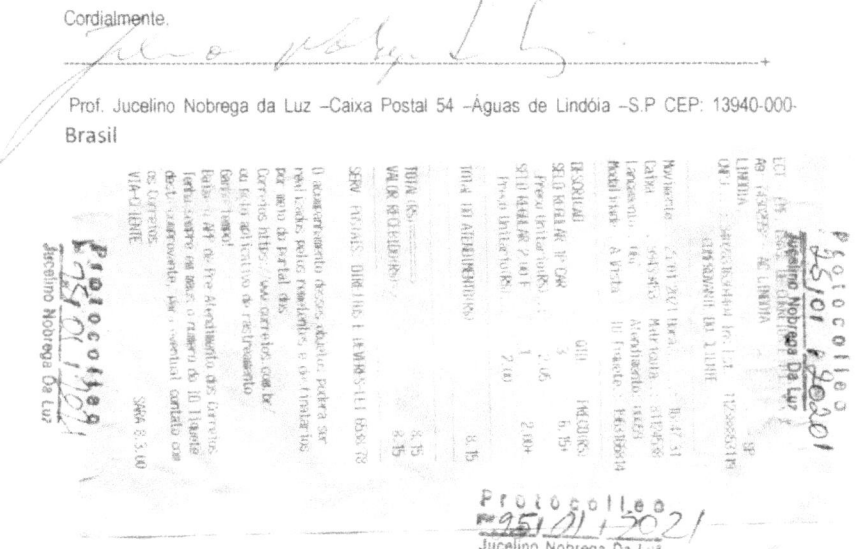

-Maire de Belgrade - Serbie - Traduction française ci-dessous

Град Београд - Секретаријат за информације

Краљице Марије 1 / КСИ, 11000 Београд, Србија

Mayor of Belgrade - Градоначелник Београда -Зоран Радојичић

Gradonačelnik Beograda

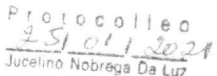

Агуас де Линдоиа, 25. јануара 2021

Долазим са поштовањем, да вам доставим ово треће писмо, међу већ посланим е-порукама, са информацијама о могућности два нова вируса, нажалост један од њих ће почети у вашој земљи, па вас молим за пажњу и истраживање како бисте избегли ово сјајно проблем између 2025. и 2026. да добри духови присуствују само онима који служе Богу с понизношћу и несебичношћу и да одричу свакога ко тражи корак на путу ка Небу да би победио земаљске ствари; који се окрећу од поносних и амбициозних. У писму упућеном Кини 2018. године рекао сам вам о вирусу Цовид19.

Духовна порука:

1. Многи невини људи у Мадриду - Шпанија и Србија ће вероватно умрети од изузетно ретке и смртоносне болести изазване избијањем вируса Марбург и можда ће бити епидемија 2025. године. Вирус Марбург повезан је са још једним злогласним вирусом, вирусом еболе , према сновима Јуцелина Луза. Оба вируса су чланови породице „филовирус" и имају високу стопу смртности. Стопа смртности од болести изазване вирусом Марбург може бити чак 88 процената. Вирус Марбург преноси се људима из врсте воћних слепих мишева званих Роусеттус аегиптиацус и египатских воћних слепих мишева, према прелиминарним погледима. Међутим, када се човек зарази, вирус се може пренети на друге људи директним контактом са телесним течностима или контакт са површинама и материјалима који су контаминирани тим течностима. [9 најсмртоноснијих вируса на Земљи]. Време потребно да се симптоми појаве након што је особа заражена вирусом, познато као период инкубације, може бити од два до 21 дан, каже Јуцелино Луз. Али када симптоми започну, нагло почињу и могу укључивати болове у мишићима. Отприлике три дана након што симптоми почну, особа може развити гастроинтестиналне симптоме, укључујући мучнину, повраћање и тешку дијареју која може трајати недељу дана. Јуцелино Луз описује пацијенте у овој фази инфекције као „сабласне", цртаних црта лица, удубљених очију, празних лица и крајње летаргије. Попут вируса еболе, вирус Марбург изазива стање које се назива тешка хеморагична грозница, што укључује симптоме као што су висока температура и дисфункција крвних судова тела, што може довести до обилних крварења. Ови симптоми крварења обично почињу између пет и седам дана након појаве симптома, у зависности од прелиминарних ставова. Крв се може наћи у повраћању и столици, а пацијенти могу крварити и из носа, десни и, у случају жена, вагине. Према његовим духовним саветима, крварење на местима убризгавања током лечења може бити „посебно проблематично". Вирус такође може да изазове проблеме у централном нервном систему, генеришући конфузију, раздражљивост и агресију, а појавит ће се 2025. године у Шпанији - Мадриду и Србији, у зависности од свог развоја може постати пандемија 2026. - И може убити хиљаде или

милионе невини људи широм Европе и целог света ако гувернери тих земаља не учине ништа да то спрече (да то зауставе) У фаталним случајевима смрт наступи између осам и девет дана од почетка симптома, обично услед великог губитка крви и шок, према духовној оријентацији Јуцелина Луза;

2. Вакцина Цовид 19 може да убије више невиних људи од самог вируса између 2021. и 2022. године; стога препоручујемо анкету дужу од две године пре пуштања вакцине (са доказаним научним доказима). А смрт може почети у Бразилу, Сједињеним Државама, Енглеској, Кини, Јапану, Немачкој, Француској, Шпанији, Италији, Аргентини и тако наставити да се шири у друге земље ...;

3. Нипах: вирус који заражава слепе мишеве и могао би да нанесе велику штету Азији и свету Можете чак покушати да спречите да се догоди још једна пандемија. Нипах-ова стопа смртности креће се од 40% до 75% заражених, у зависности од места избијања епидемије. 3. јануара 2020. на Тајланд су стигла упозорења и вести о мојим прелиминарним сновима да је нека врста респираторних болести погађала људе у кинеском Вухану. Доласком лунарне Нове године, многи кинески туристи упутили су се у суседну земљу да прославе. Тајландска влада је опрезно започела преглед путника који су стизали из Вухана на аеродром, а одабране ће лабораторије које ће обрадити узорке и покушати открити проблем. Следећа претња вирусом Нипах између 2027. и 2029. године (моћи ће доћи у Вијетнаму, Камбоџи, Тајландији, Малезији, Бангладешу и Индији) на овај начин може се врло брзо проширити светом.

Надам се да грешим, међутим, то сам приметио у својој светој поруци. Молим вас да обратите пажњу и предузмете потребне мере да заштитите становништво и истражите како бисте зауставили појаву и ширење вируса у вашој земљи.

Срдачно,

Проф. Јуцелино Нобрега да Луз -Цаика Постал 54 -Агуас де Линдоиа -С.П ЦЕП: 13940-000- Бразил

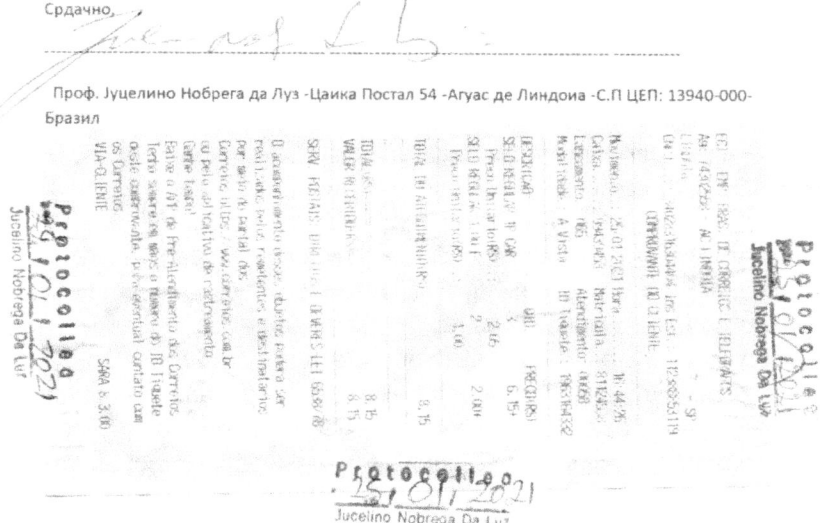

Traduction des lettres en espagnol et en serbe en français Langue ci-dessus :

Sujet: Une nouvelle pandémie arrive bientôt ...

Je viens avec un grand respect, c'est la troisième fois que je vous apporte des informations sur la possibilité de deux nouveaux virus, malheureusement, l'un d'eux, commencera dans votre pays, donc je demande votre attention et la recherche pour éviter ce grand problème entre 2025 et 2026 ... Rappelez-vous que les bons esprits ne fournissent une assistance à ceux qui servent Dieu avec humilité et désintéressement et qui répudient tous ceux qui cherchent dans le chemin du ciel un pas pour conquérir les choses de la terre ; qui restent loin des orgueilleux et des ambitieux. Dans une lettre envoyée à la Chine en 2018, je leur ai parlé du virus Covid19.

De nombreux innocents à Madrid - Espagne et en Serbie vont probablement mourir d'une maladie extrêmement rare et mortelle causée par l'épidémie du virus de Marburg et qui pourrait devenir épidémique d'ici 2025 Le virus de Marburg est lié à un autre virus notoire, le virus Ebola, selon les rêves de votre guide spirituel. Les deux virus sont membres de la famille des "virus phylum" et ont un taux de mortalité élevé. Le taux de létalité de la maladie causée par le virus de Marbourg peut atteindre 88 %. Le virus de Marburg est transmis à l'homme par un type de chauve-souris Fructal appelé Rousettus aegyptiacus, ou la chauve-souris Fructal égyptienne, la guidance spirituelle révèle. Une fois infecté, cependant, le virus peut être transmis à d'autres humains par contact direct avec des fluides corporels ou par contact avec des surfaces et des matériaux qui ont été contaminés par ces fluides. Les 9 virus les plus mortels sur terre] Le temps nécessaire à l'apparition des symptômes après qu'une personne a été infectée par le virus - appelé période d'incubation - peut varier de deux à 21 jours, indique son guide spirituel. Mais lorsque les symptômes apparaissent, ils commencent brusquement et peuvent inclure des douleurs musculaires. Environ trois jours après le début des symptômes, une personne peut développer des symptômes gastro-intestinaux, notamment des nausées, des vomissements et une diarrhée sévère qui peuvent persister pendant une semaine. Son guide spirituel décrit les patients à ce stade de l'infection comme "fantomatiques", avec des traits tirés, des yeux enfoncés, des visages sans expression et une léthargie extrême. Comme le virus Ebola, le virus Marburg provoque une maladie appelée fièvre hémorragique sévère, qui se manifeste par des symptômes tels qu'une forte fièvre et un dysfonctionnement des vaisseaux sanguins du corps, pouvant entraîner des saignements abondants. Ces saignements commencent souvent entre cinq et sept jours après le début des symptômes, selon votre révélation spirituelle. On peut trouver du sang dans les vomissements et les selles, et les patients peuvent également saigner du nez, des gencives et, pour les femmes, du vagin. Les saignements aux points d'injection pendant un traitement médical peuvent être "particulièrement gênants", selon son conseil spirituel. Le virus peut également causer des problèmes avec le système nerveux central, conduisant à la confusion, l'irritabilité et l'agressivité, et apparaîtra en 2025 en Espagne - Madrid et la Serbie, en fonction de son développement, il pourrait devenir pandémique en 2026 - Et il pourrait tuer des milliers ou des millions de personnes innocentes à travers l'Europe et dans le monde entier si les gouverneurs de ces pays ne font rien pour l'empêcher (à l'abandonner) Dans les cas mortels, la mort se produit entre huit et neuf jours après le début des symptômes, généralement en raison de la perte de sang grave et le choc, selon la révélation spirituelle ... ;

2. La seule façon efficace de combattre le virus covida19 sera de séparer les malades, les personnes âgées et les enfants - de les isoler des autres personnes, dans ce sens il y aura une réduction beaucoup plus grande et il se répandra beaucoup moins car les mesures prises jusqu'à présent sont toutes palliatives, elles ne résoudront pas les problèmes et encore moins le vaccin sera un moyen efficace contre le virus car ils trompent les gens avec de fausses recommandations et promesses. Pour éviter les intubations et les excès dans les hôpitaux, il est recommandé de consommer des thés de Guaco et d'anis et d'utiliser un humidificateur d'air la nuit - cela peut de toute façon résoudre les problèmes;

3. Les actions de Xiaomi vont chuter le 15 janvier 2021 à la Bourse de Hong Kong après que les États-Unis ont ajouté le troisième fabricant mondial de téléphones mobiles à une liste d'entreprises considérées comme une menace pour la sécurité nationale. Cette inclusion des entreprises chinoises qui feront l'objet de sanctions sera le dernier chapitre en date de quatre années de tensions diplomatiques entre Pékin et Washington sous la présidence de Donald Trump. Avant la fin du mandat du président américain, les autorités feront une série d'annonces contre le fabricant chinois de téléphones mobiles, ainsi que l'application vidéo TikTok et le géant pétrolier CNOOC.

Xiaomi, qui a dépassé Apple pour devenir le troisième fabricant mondial de smartphones d'ici 2020, est l'une des neuf entreprises chinoises à figurer sur cette liste en raison de ses liens présumés avec l'armée chinoise. Cette éventuelle mesure signifie que les investisseurs américains ne pourront pas acheter d'actions Xiaomi et devront vendre celles qu'ils possèdent, à moins que le futur président Joe Biden ne revienne sur cette mesure dans un avenir proche. Xiaomi est l'une des plus grandes entreprises chinoises qui figureront sur cette liste. Ses actions vont chuter de plus de 10 % à la clôture de la Bourse de Hong Kong, et pourraient accentuer cette chute si rien n'est fait, selon les révélations spirituelles. Début janvier, la Bourse de New York annoncera sa décision de retirer de la cote trois entreprises chinoises du secteur des télécommunications, les "nouvelles recommandations spécifiques" du département du Trésor américain.

Jucelino Luz - conseiller spirituel et visionnaire

Nashville City Hall & Public Square - Mayor's Office

100 Metro Courthouse, Nashville, TN 37201 -USA

Protocollo
05/02/2020
Jucelino Nobrega Da Luz

Águas de Lindóia, February 05 of 2020

We are already in the great planetary transition. I did an approach and talk about the new era. All doctrines speak of a better world. It is certain that the world will end with evil. The evil that prevails will give way to good and even after the emergence of "the greedy, who exploit the poor, who exercise the ego and live on it, who lie, tear ethics by power, evil will always lose, exactly that. from another dimension, which we will call angelic beings, will incarnate on Earth and the wicked will have no chance to continue. They will go to inferior worlds temporarily, because God doesn't punish. it is a world of trials and atonements, the world of the future is a world of regeneration

1. A vehicle will explode in downtown Nashville, Tennessee, in the United States (USA), at dawn on December 25, 2020. The explosion will generate "wide area" debris, and the act will be criminal and "intentional". The vehicle explosion in downtown Nashville will be felt nine blocks away, will destroy other vehicles and damage some buildings, between three to five people will be injured,;

2. A large global agreement by governments on the left party (I have nothing against them), however, We are sorry for the lives lost, but the people have been deceived , in several countries, for the application of the vaccine against Covid19, since many of them have shares, or are investors in these vaccine manufacturing companies and want to motivate vaccination in mass . Many of them will pretend people and cry, regret, asking for the mandatory vaccination - so as not to cause huge losses in their pockets. In Brazil, the numbers of Covid19 have been increasing, due to misleading motivations and false information that circulate daily in the media - if compared, the numbers officials are only increasing because everything is placed Covid 19 - according to decrees of laws created by them . A vaccine that, unfortunately, will kill more than Covid19 - without any proof of efficacy and without security for those who will take it – Those governors and lobbyists are cheating and committing crime against humanity. They are, using Covid19, and bringing panic, fear, in the sense of those lockdowns of testing honest people´s capacity for obedience, in the plan to break the world economy and make people slaves to power, and it will start off as of December 2020, and total global economic imbalance between 2021 to 2022. Pity ! that uninformed and lay people, most of them will run like a herd to the slaughterhouse, when this vaccine comes out - many may have different reactions over the years, causing death and health problems!

And the Governors and lobbyists to deceive people, will say that it is death by Covid 19! "If the vaccine were that good, there would be no need to force yourself and demand its use." Many doctors, researchers, for greed and money, tore up their medical ethics will be involved in this killing of the vaccine (from Coivid 19) and many will even pretend to have had the vaccine. In Brazil, they will do anything to squeeze the Brazilians in the vaccination .... Not even in China the vaccine was approved, how can you want to vaccinate people there? They will even invent a new strain of the virus to make you more afraid! And they can do whatever they want everywhere in the world! Most tests are already contaminated to be positive, and no one, not even authorities in the world do anything. Neither investigation nor guilty of crimes committed freely. The big world coup has begun!;

3. Unfortunately, engineer Paulo José Arronenzi, will stab and kill Judge Viviane Vieira do Amaral Arronenzi, his ex-wife, at Rua Raquel de Queiroz, in Rio de Janeiro - Brazil, Paulo José will be a few meters from his body, with shaking hands but without carrying the knife he will use in crime on December 24, 2020;

4. The critical situation of dams around the world is expected to continue in 2021. and many reservoirs can dry up by 2026, and others with excess rain and storm water can yield and victimize many people around the world.;

5. China will overtake the United States to become the world's biggest economy between 2024 to 2028, it will be estimated due to the contrasting recoveries of the two countries from the COVID-19 pandemic;

6. A magnitude 6.0 earthquake will hit southern Manila, the main island of the Philippines, on December 25, 2020, 144 km deep in the city of Calatagan..

7. Protesters will start a fire at Nashville's Metro Courthouse on

8. Saturday night of May 30 of 2020 The fire will appear to start in a first-floor office building a little before 8:00 p.m. Saturday. Dozens of protesters will gather on the steps of Nashville's criminal courthouse and City Hall , and it will be after a rally and march. Demonstrators will smash windows with rocks and other material drawing a swarm of police . Tennessee black writers will talk about racism, social unrest, and the next steps

Those information above are what I have seen in my dreams .

Cordially

Prof. Jucelino Nobrega da Luz -Caixa Postal 54 -Águas de Lindóia -S.P CEP:13940-000 Brazil

WHO Regional Office for Europe

UN City

Principal´s office

Marmorvej 51

DK-2100 Copenhagen Ø Denmark

Águas de Lindóia, February , 14 2021

I come very respectfully, to bring you information about the possibility of two new viruses, unfortunately, one of them will start in your country, so I ask your attention and research in order to avoid this big problem between 2025 to 2026. Remember that Good Spirits only provide assistance to those who serve God with humility and disinterest and who repudiate everyone who seeks in the path of Heaven a step to conquer the things of the Earth; who move away from the proud and the ambitious. In a letter sent to China in 2018, I have told them about the Covid19 virus.

Spiritual Message :

1. A lot of innocent people in Madrid - Spain and Serbia will possibly die from an extremely rare and deadly disease caused by the Marburg virus outbreak and can be epidemic in 2025   The Marburg virus is related to another notorious virus, the Ebola virus, according to Jucelino Luz´s dreams. Both viruses are members of the "filovirus" family and have high fatality rates. The fatality rate for the disease caused by the Marburg virus can be as high as 88 percent. The Marburg virus is transmitted to people from a type of fruit bat called Rousettus aegyptiacus, or the Egyptian fruit bat, Jucelino Luz says. Once a human is infected, however, the virus can be spread to other humans via direct contact with bodily fluids, or by coming into contact with surfaces and materials that have been contaminated with these fluids. [The 9 Deadliest Viruses on Earth]. The amount of time it takes for symptoms to appear after a person is infected with the virus — known as the incubation period — can vary from two to 21 days, Jucelino Luz says. But when symptoms begin, they begin abruptly and can include muscle aches and pain. About three days after symptoms begin, a person can develop gastrointestinal symptoms, including nausea, vomiting, and severe diarrhea that can persist for a week. Jucelino Luz describes patients at this phase of the infection as "ghost-like," withdrawn features, deep-set eyes, expressionless faces, and extreme lethargy. Like the Ebola virus, the Marburg virus causes a condition called severe hemorrhagic fever, which includes symptoms such as a high fever and dysfunction in the body's blood vessels, which can result in profuse bleeding. These hemorrhagic symptoms often begin between five and seven days after the onset of symptoms, according to Jucelino Luz. Blood may be found in vomit and feces, and patients may also bleed from the nose, gums, and, for women, the vagina. Bleeding at injection sites during medical treatment can be "particularly troublesome," according to his spiritual advice. The virus can also cause problems with the central nervous system, leading to confusion, irritability, and aggression, and it will be appearing in 2025 in Spain -Madrid, and Serbia, depending on its development can turn out to pandemic in 2026 - And it can kill thousands or millions of innocent people all over Europe and the entire world if Governors of those countries do nothing to avoid it (to quit it) In fatal cases, death occurs between eight and nine days after the symptoms begin, usually due to severe blood loss and shock, according to Jucelino Luz's spiritual orientation.;

2. COVID-19 is an infectious disease that will be caused by the possible new coronavirus, which will be identified for the first time in December 2019, in Wuhan, China - it will infect more than 67,000,000, with

more than 1,600,000 deaths -Most people who will be infected (who will possibly die) have a history of diseases such as heart, kidney problems, cancer, diabetes, and so on ... however, we have diseases and other things that kill more than Covid 19, are ignored by world governors: - tuberculosis, cancer, murders, measles, Ebola, rabies, cholera, hunger, Dengue. And many laboratories will emerge to discover the vaccine for Covid19, although it may cause more deaths than the coronavirus itself, due to a lack of study, research and long-term tests, which are essential factors for the preservation of the health of each citizen. And they will ignore more in-depth and detailed research, starting to vaccinate without due scientific proof - and some will practice this "lobbying" to sell vaccines, will commit possible crimes against public health and against the safety of humanity. And they will make obscure agreements with countries where the virus came from - without showing the first and second phase tests, causing a lot of public distrust. Because, many tests, will be "false positives", which will be created to increase the number of contaminated - in the practice of crimes - lobbyists will take advantage to do business, in the sense of making money with the misfortune of others.

3. Sweden and South Korea, will be a different example because it will be based mainly on the adhesion of citizens without social distance, without closing schools or commerce. There will be no collapse of the health system, these countries have a lower death rate. The cost of social distance will be disproportionate to the severity of the disease. The lethality rate of covid-19 will be lower than those who will adopt measures of social distance. The disease that will kill around two in every 100 people infected cannot paralyze the entire society. In 2021 and 2022 we will have a major financial crisis for reasons And of those possible confinements, which could kill more people than Covid19 himself. Quarantine must be one of the most vulnerable and the resumption of general economic activity. But most of the main epidemiologists (doctors) in the world who will be linked and/or are commanded by government agencies, or professionally linked to vaccine laboratories (which will not have scientific proof), or singular interests, will say that this will lead to the death of millions of people because the health system will collapse and the victims are not always at risk. We respect, however, we don't agree - because the spiritual view shows that it will be different. And unfortunately, in 2020, we will have many interests involved that will generate huge profits for an elite in the sale of masks, breathing apparatus, tests, vaccines, and others - all of this, added to frauds, scams, tenders, and criminal decrees. Cholera rabies: infectious diseases that kill more than the coronavirus. And with Covid19, they will create fear and panic worldwide, because there will have news of deaths every day, without stopping ...;

4. The Covid 19 vaccine can kill more innocent people than the virus itself between 2021 and 2022 - therefore, we recommend a survey of more than 2 years, before the vaccine is released (with substantiated scientific evidence). And the deaths may start in Brazil, USA, England, China, Japan, Germany, France, Spain, Italy, Argentina and thus continue to spread to other countries...

I hope I'm wrong, however, that's what I noticed in my holy message. I ask you to pay attention and to take the necessary steps to protect the population and research to contain the emergence and proliferation of viruses in your country.

Cordially,

Prof. Jucelino Nobrega da Luz

Contact us

531

Verification

Your message has been submitted successfully.

Map and directions
(https://www.euro.who.int/en/about-us/contact-us/map-and-directions)

© 2021 WHO (https://www.euro.who.int/en/home/copyright-notice)

jucelino da Luz <jucelinodaluz1@gmail.com>

copy of letter from January 2019 -Urgent
1 message

jucelino da Luz <jucelinodaluz1@gmail.com> 7 December 2020 at 23:55
To: predstavkegradjana@predsednik.rs
Bcc: mediji@predsednik.rs, press@predsednik.rs

GENERAL SECRETARIAT OF THE

PRESIDENT OF THE REPUBLIC OF SERBIA

O/c Dear President of Serbia Aleksandar Vučić

Andrićev venac 1, 11000 Beograd. Serbia

Águas de Lindóia, January 16, 2019

I come very respectfully, to bring you information about the possibility of two new viruses, unfortunately, one of them, will start in your country, so I ask your attention and research in order to avoid this big problem between 2025 to 2026.,Remember that Good Spirits only provide assistance to those who serve God with humility and disinterest and who repudiate everyone who seeks in the path of Heaven a step to conquer the things of the Earth; who move away from the proud and the ambitious. In a letter sent to China in 2018, I have told them about the Covid19 virus.

Spiritual Message :

1. A lot of innocent people in Madrid - Spain, and Serbia will possibly die from an extremely rare and deadly disease caused by the Marburg virus outbreak and can be epidemic in 2025 The Marburg virus is related to another notorious virus, the Ebola virus, according to Jucelino Luz´s dreams. Both viruses are members of the "filovirus" family and have high fatality rates. The fatality rate for the disease caused by the Marburg virus can be as high as 88 percent. The Marburg virus is transmitted to people from a type of fruit bat called Rousettus aegyptiacus, or the Egyptian fruit bat, Jucelino Luz says. Once a human is infected, however, the virus can be spread to other humans via direct contact with bodily fluids, or by coming into contact with surfaces and materials that have been contaminated with these fluids. [The 9 Deadliest Viruses on Earth]. The amount of time it takes for symptoms to appear after a person is infected with the virus — known as the incubation period — can vary from two to 21 days,Jucelino Luz says. But when symptoms begin, they begin abruptly and can include muscle aches and pain. About three days after symptoms begin, a person can develop gastrointestinal symptoms, including nausea, vomiting, and severe diarrhea that can persist for a week. Jucelino Luz describes patients at this phase of the infection as "ghost-like," with drawn features, deep-set eyes, expressionless faces, and extreme lethargy. Like the Ebola virus, the Marburg virus causes a condition called severe hemorrhagic fever, which includes symptoms such as a high fever and dysfunction in the body's blood vessels, which can result in profuse bleeding. These hemorrhagic symptoms often begin between five and seven days after the onset of symptoms, according to Jucelino Luz . Blood may be found in vomit and feces, and patients may also bleed from the nose, gums, and, for women, the vagina. Bleeding at injection sites during medical treatment can be "particularly troublesome," according to his spiritual advice. The virus can also cause problems with the central nervous system, leading to confusion, irritability, and aggression,

and it will be appearing in 2025 in Spain -Madrid, and Serbia, depending on its development can turn out to pandemic in 2026 - And it can kill thousands or millions of innocent people all over Europe and the entire world if Governors of those countries do nothing to avoid it (to quit it) In fatal cases, death occurs between eight and nine days after the symptoms begin, usually due to severe blood loss and shock, according to Jucelino Luz's spiritual orientation.;

2. COVID-19 is the infectious disease will be caused by the possible new coronavirus, which will be identified for the first time in December 2019, in Wuhan, China - it will infect more than 67,000,000, with more than 1,600,000 deaths -Most people who will be infected (who will possibly die) have a history of diseases such as: heart, kidney problems, cancer, diabetes, and so on ... however, we have diseases and other things that kill more than Covid 19 are ignored by the world governors: - tuberculosis, cancer, murders, measles, Ebola, rabies, cholera, hunger, Dengue. And many laboratories will emerge to discover the vaccine for Covid19, although it may cause more deaths than the coronavirus itself, due to a lack of study, research, and long-term tests, which are essential factors for the preservation of the health of each citizen. And they will ignore more in-depth and detailed research, starting to vaccinate without due scientific proof - and some, will practice this "lobbying" to sell vaccines, will commit possible crimes against public health and against the safety of humanity. And they will make obscure agreements with countries where the virus came from - without showing the first and second phase tests, causing a lot of public distrust. Because, many tests, will be "false positives", which will be created to increase the number of contaminated - in the practice of crimes - lobbyists will take advantage to do business, in the sense of making money with the misfortune of others..

3. Sweden and South Korea, will be a different example because it will be based mainly on the adhesion of citizens without social distance, without closing schools or commerce. There will be no collapse of the health system, these countries have a lower death rate. The cost of social distance will be disproportionate to the severity of the disease. The lethality rate of covid-19 will be lower than those who will adopt measures of social distance. The disease that will kill around two in every 100 people infected cannot paralyze the entire society. In 2021 and 2022 we will have a major financial crisis for reasons And of those possible confinements, which could kill more people than Covid19 himself. Quarantine must be one of the most vulnerable and the resumption of general economic activity. But most of the main epidemiologists (doctors) in the world who will be linked and/or are commanded by government agencies, or professionally linked to vaccine laboratories (which will not have scientific proof), or singular interests, will say that this will lead to the death of millions of people because the health system will collapse and the victims are not always at risk. We respect, however, we don't agree - because the spiritual view shows that it will be different. And unfortunately, in 2020, we will have many interests involved that will generate huge profits for an elite in the sale of masks, breathing apparatus, tests, vaccines, and others - all of this, added to frauds, scams, tenders, and criminal decrees. Cholera rabies: infectious diseases that kill more than the coronavirus. And with Covid19, they will create fear and panic worldwide, because there will have news of deaths every day, without stopping ...;

4. The Covid 19 vaccine can kill more innocent people than the virus itself between 2021 and 2022 - therefore, we recommend a survey of more than 2 years, before the vaccine is released (with substantiated scientific evidence). And the deaths may start in Brazil, USA, England, China, Japan, Germany, France, Spain, Italy, Argentina and thus continue to spread to other countries ....

I hope I'm wrong, however, that's what I noticed in my holy message. I ask you to pay attention and to take the necessary steps to protect the population and research to contain the emergence and

Herein copy of the letter of 16/01/2019 -about Marburg Fever -Urgent !
1 message

jucelino da Luz <jucelinodaluz1@gmail.com> 4 January 2021 at 21:33
To: jlsf@fis.ucm.es
Bcc: mcardaba@mspsi.es, prensa@mscbs.es, oiac@msssi.es, publicaciones@msssi.es, accesibilidad@mscbs.es, info@ecdc.europa.eu, press@ecdc.europa.eu, publications@ecdc.europa.eu, webmaster@ecdc.europa.eu

Herein copy of the letter of 16/01/2019 -about Marburg Fever -Urgent!
Prof. Jucelino Luz

3 attachments

Marburg.jpg
507K

marburg2.jpg
570K

marburg3.jpg
516K

 Gmail

jucelino da Luz <jucelinodaluz1@gmail.com>

Marburg Fever -Urgent
1 message

jucelino da Luz <jucelinodaluz1@gmail.com>   4 January 2021 at 21:27
To: contact@dpa.gr
Bcc: mf.tg@med.bg.ac.rs, office@aspher.org, SCPH.OFFICE@med.bg.ac.rs, biljana.buljugic@med.bg.ac.rs, zana.cvetkovic@zdravlje.gov.rs

Ministry of Health Pasterova 1, 11000 Belgrade

Herein copy of the letter of 16/01/2019 -about Marburg Fever -Urgent !

Prof. Jucelino Luz

3 attachments

Marburg.jpg
507K

marburg2.jpg
570K

marburg3.jpg
516K

jucelino da Luz <jucelinodaluz1@gmail.com>

Señor Embajador Fernando García Casas. - urgencia !
1 message

jucelino da Luz <jucelinodaluz1@gmail.com> 4 January 2021 at 22:39
To: emb.brasilia@maec.es
Bcc: sc.brasilia@maec.es

Señor Embajador Fernando García Casas.

Permitaseme presentar una copia abajo de la carta enviada al Excelentísimo Señor Pedro Sanches - Presidente de España

Como se trata de un documento muy serio para la protección y seguridad de todos los españoles y residentes en Madrid - España - sugiero que sea enviado urgentemente al Ministerio de Sanidad, al Presidente y a los Institutos de Estudios Epidémicos y Pandémicos.
Saludos,

Profe. Jucelino Luz

//

El presidente del Gobierno, Pedro Sánchez

La Moncloa

Complejo de la Moncloa, Avda. Puerta de Hierro, s/n. 28071 Madrid (España)

Águas de Lindóia, 17 de enero de 2019

Vengo muy respetuosamente, para traerles información sobre la posibilidad de dos nuevos virus, lamentablemente uno de ellos, se iniciará en su país, por lo que les pido su atención e investigación para evitar este gran problema entre el 2025 y el 2026. que los buenos espíritus sólo atienden a quienes sirven a Dios con humildad y desinterés y que repudian a todo aquel que busca en el camino del Cielo un paso para conquistar las cosas de la tierra; que se alejan de los orgullosos y ambiciosos. En una carta enviada a China en 2018, les hablé del virus Covid19.

Mensaje espiritual:

1. Mucha gente inocente en Madrid - España y Serbia posiblemente morirá de una enfermedad extremadamente rara y mortal causada por el brote del virus de Marburgo y puede ser una epidemia en 2025 El virus de Marburgo está relacionado con otro virus notorio, el virus del Ébola, según los sueños de Jucelino Luz. Ambos virus son miembros de la familia de los "filovirus" y tienen altas tasas de mortalidad. La tasa de mortalidad por la enfermedad causada por el virus de Marburg puede llegar al 88 por ciento. El virus de Marburgo se transmite a las personas a partir de un tipo de murciélago frugívoro llamado Rousettus aegyptiacus, o el murciélago frugívoro egipcio, dice Jucelino Luz. Sin embargo, una vez que un ser humano está infectado, el virus puede transmitirse a otros humanos a través del contacto directo con fluidos corporales o al entrar en contacto con superficies y materiales que han sido contaminados con estos fluidos. [Los 9 virus más mortíferos de la Tierra]. La cantidad de tiempo que tardan en aparecer los síntomas después de que una persona se infecta con el virus, conocido como período de incubación, puede variar de dos a 21 días, dice Jucelino Luz. Pero cuando los síntomas comienzan, comienzan abruptamente y pueden incluir dolores y molestias musculares. Aproximadamente tres días después de que comienzan los síntomas, una persona puede desarrollar síntomas gastrointestinales, que incluyen náuseas, vómitos y diarrea intensa que pueden persistir durante una semana. Jucelino Luz describe a los pacientes en esta fase de la infección como "fantasmales", con rasgos dibujados, ojos hundidos, rostros inexpresivos y letargo extremo. Al igual que el virus del Ébola, el virus de Marburgo causa una afección llamada fiebre hemorrágica grave, que incluye síntomas como fiebre alta y disfunción de los vasos sanguíneos del cuerpo, lo que puede provocar un sangrado profuso. Estos síntomas hemorrágicos suelen comenzar entre cinco y siete días después de la aparición de los síntomas, según Jucelino Luz. Se puede encontrar sangre en el vómito y las heces, y los pacientes también pueden sangrar por la nariz, las encías y, en el caso de las mujeres, la vagina. Sangrar en los sitios de inyección durante el

tratamiento médico puede ser "particularmente problemático", según su consejo espiritual. El virus también puede causar problemas en el sistema nervioso central, generando confusión, irritabilidad y agresión, y estará apareciendo en 2025 en España -Madrid y Serbia, dependiendo de su desarrollo puede convertirse en pandemia en 2026- Y puede matar a miles o millones de personas inocentes en toda Europa y el mundo entero si los gobernadores de esos países no hacen nada para evitarlo (para dejarlo) En casos fatales, la muerte ocurre entre ocho y nueve días después de que comienzan los síntomas, generalmente debido a graves pérdida de sangre y conmoción, según la orientación espiritual de Jucelino Luz;

2. COVID-19 es la enfermedad infecciosa que será causada por el posible nuevo coronavirus, que se identificará por primera vez en diciembre de 2019, en Wuhan, China - infectará a más de 67.000.000, con más de 1.600.000 muertes -La mayoría de personas quienes se infectarán (quienes posiblemente morirán) tienen antecedentes de enfermedades como: problemas cardíacos, renales, cáncer, diabetes, etc. sin embargo, tenemos enfermedades y otras cosas que matan a más de Covid 19, se ignoran por los gobernadores mundiales: - tuberculosis, cáncer, asesinatos, sarampión, ébola, rabia, cólera, hambre, dengue. Y surgirán muchos laboratorios para descubrir la vacuna para Covid19, aunque puede causar más muertes que el propio coronavirus, por falta de estudio, investigación y pruebas a largo plazo, que son factores fundamentales para la preservación de la salud de cada ciudadano. . E ignorarán investigaciones más profundas y detalladas, comenzando a vacunar sin la debida prueba científica - y algunos, practicarán este "cabildeo" para vender vacunas, cometerán posibles delitos contra la salud pública y contra la seguridad de la humanidad. Y harán acuerdos oscuros con los países de donde vino el virus, sin mostrar las pruebas de la primera y segunda fase, lo que generará mucha desconfianza en el público. Porque, muchas pruebas, serán "falsos positivos", que se crearán para incrementar el número de lobistas contaminados - en la práctica de los delitos - que aprovecharán para hacer negocios, en el sentido de ganar dinero con la desgracia ajena.

3. Suecia y Corea del Sur, serán un ejemplo diferente porque se basará principalmente en la adhesión de ciudadanos sin distancia social, sin cerrar escuelas ni comercios. No habrá colapso del sistema de salud, estos países tienen una tasa de mortalidad más baja. El costo de la distancia social será desproporcionado con la gravedad de la enfermedad. La tasa de letalidad del covid-19 será menor que la de quienes adoptarán medidas de distancia social. La enfermedad que matará alrededor de dos de cada 100 personas infectadas no puede paralizar a toda la sociedad. En 2021 y 2022 tendremos una gran crisis financiera por motivos Y de esos posibles confinamientos, que podrían matar a más personas que el propio Covid19. La cuarentena debe ser una de las más vulnerables y la reanudación de la actividad económica general. Pero la mayoría de los principales epidemiólogos (médicos) del mundo que estarán vinculados y / o comandados por agencias gubernamentales, o vinculados profesionalmente a laboratorios de vacunas (que no tendrán prueba científica), o intereses singulares, dirán que esto conducirá hasta la muerte de millones de personas porque el sistema de salud colapsará y las víctimas no siempre están en riesgo. Respetamos, sin embargo, no estamos de acuerdo, porque la visión espiritual muestra que será diferente. Y lamentablemente, en 2020, tendremos muchos intereses involucrados que generarán enormes ganancias para una élite en la venta de máscaras, aparatos respiratorios, pruebas, vacunas y otros, todo esto, sumado a fraudes, estafas, licitaciones y actividades criminales, decretos. Cólera rabia: enfermedades infecciosas que matan más que el coronavirus. Y con Covid19, crearán miedo y pánico en todo el mundo, porque habrá noticias de muertos todos los días, sin parar ...;

4. La vacuna Covid 19 puede matar a más personas inocentes que el propio virus entre 2021 y 2022; por lo tanto, recomendamos una encuesta de más de 2 años, antes de que se lance la vacuna (con evidencia científica comprobada). Y las muertes pueden comenzar en Brasil, Estados Unidos, Inglaterra, China, Japón, Alemania, Francia, España, Italia, Argentina y así seguir extendiéndose a otros países ...

Espero estar equivocado, sin embargo, eso es lo que noté en mi santo mensaje. Les pido que presten atención y tomen las medidas necesarias para proteger a la población e investigar para contener la aparición y proliferación de virus en su país.

Cordialmente,

Prof. Jucelino Nobrega da Luz –Caixa Postal 54 –Águas de Lindóia –S.P CEP: 13940-000 Brasil

PRESIDENCIA
DEL GOBIERNO

UNIDAD DE COMUNICACIÓN CON LOS
CIUDADANOS

Madrid, 26 de febrero de 2021

Sr. D. Jucelino Nobrega da Luz
Caixa Postal, 54
1394-000 AGUAS DE LINDOIA
BRASIL

Estimado señor:

Nos ponemos en contacto con usted en respuesta al escrito que dirige a la Presidencia del Gobierno, en el que expone sus reflexiones y sugerencias, que hemos leído con atención.

En primer lugar, nos gustaría señalar que el Ejecutivo está gestionando la peor pandemia en los últimos cien años desde la humildad, el mayor rigor científico y la unidad que requiere la situación. No obstante, tenga la seguridad de que continúa trabajando para hacer frente a la emergencia de salud pública que atraviesa nuestro país.

Respecto a sus comentarios, le sugerimos que, si lo considera oportuno, exponga sus comentarios al Ministerio de Sanidad, organismo competente en la materia, a través de las vías que encontrará en el siguiente enlace https://www.mscbs.gob.es/servCiudadanos/home.htm.

Agradeciendo sus comentarios, quedamos a su disposición y le hacemos llegar un cordial saludo,

Unidad de Comunicación con los Ciudadanos

Aviso Legal

Los datos de carácter personal que constan en su comunicación serán tratados por la Unidad de Comunicación con los Ciudadanos de Presidencia del Gobierno e incorporados a la actividad de tratamiento "Comunicación con los ciudadanos", con la finalidad de responderle.
Puede ejercitar sus derechos de acceso, rectificación, supresión y portabilidad de sus datos, de limitación y oposición a su tratamiento, así como a no ser objeto de decisiones basadas únicamente en el tratamiento automatizado de sus datos, cuando procedan, mediante el formulario https://mpr.sede.gob.es/procedimientos/index/categoria/1276, o dirigiendo un escrito postal a la Unidad de Comunicación con los Ciudadanos, ubicada en el Edificio Semillas del Complejo de la Moncloa, en Avenida Puerta de Hierro s/n 28071, Madrid.
Puede ampliar esta información en https://mpr.sede.gob.es/pagina/index/directorio/proteccion_de_datos

jucelino da Luz <jucelinodaluz1@gmail.com>

Señor Decano de la Facultad de Medicina -urgência !
1 message

jucelino da Luz <jucelinodaluz1@gmail.com>   17 February 2021 at 17:02
To: davic.alvarez@uam.es
Bcc: ernando.artalejo@uam.es, info.doctorado.epidemiologia@uam.es, decano.medicina@uam.es, vicedecanato.medicina.investigacion@uam.es, vicedecanato.medicina.innovacion@uam.es, vicedecanato.medicina.internacional@uam.es, vicedecanato.medicina.estudiantes@uam.es, vicedecanato.medicina.clinica@uam.es, vicedecanato.medicina.academica@uam.es, administradora.medicina@uam.es, vicedecanato.medicina.profesorado@uam.es

Señor Decano de la Daculdad de Medicina
Despacho D-35 o despacho D-24D

Facultad de Medicina

Le envío una copia de una importante carta que me gustaría haber analizado Vuestra Señoría, para ayudar a algunos profesores calificados en el estudio de la virología, para evitar una catástrofe entre 2025 y 2026 (cuanco Marburgo podría convertirse en un pandemia - comenzando si en Madrid-España y cerca de Belgrado - Serbia.
Cuento con su importante apoyo, no más por el momento.
Atentamente,

Prof., Jucelino Nobrega da Luz

//

Mr. Dean of Faculty of Medicine
I am sending you a copy of an important letter that I would like to have analyzed Your Honor, to help some qualified professors in the study of virology, to avoid a catastrophe between 2025 and 2026 (when Marburg could turn into a pandemic - starting if in Madrid -Spain and near Belgrade - Serbia.
I count on your important support, no more at the moment.
Sincerely,

Prof., Jucelino Nobrega da Luz

5 attachments

Marburg Book 1.jpg
553K

Marburg book 2.jpg
537K

jucelino da Luz <jucelinodaluz1@gmail.com>

Señor Decano de la Universidad Keystone Academic Solutions -urgencia !
1 message

jucelino da Luz <jucelinodaluz1@gmail.com> 17 February 2021 at 16:17
To: contact@keystoneacademic.com

Keystone Academic Solutions -Urgencia!

Principal´s office - urgent

Address: Rolfsbuktveien 4D 1364 Fornebu, Norway

Telephone: +47 23 22 72 50

Señor Decano de la Universidad Keystone Academic Solutions

Le envío una copia de una importante carta que me gustaría haber analizado Vuestra Señoría, para ayudar a algunos profesores calificados en el estudio de la virología, para evitar una catástrofe entre 2025 y 2026 (cuando Marburgo podría convertirse en un pandemia - comenzando si en Madrid-España y cerca de Belgrado - Serbia.
Cuento con su importante apoyo, no más por el momento.
Atentamente,

Prof., Jucelino Nobrega da Luz

//
Mr. Dean of Keystone Academic Solutions University

I am sending you a copy of an important letter that I would like to have analyzed Your Honor, to help some qualified professors in the study of virology, to avoid a catastrophe between 2025 and 2026 (when Marburg could turn into a pandemic - starting if in Madrid -Spain and near Belgrade - Serbia.
I count on your important support, no more at the moment.
Sincerely,

Prof., Jucelino Nobrega da Luz

5 attachments

Marburg Book 1.jpg
553K

Marburg book 2.jpg
537K

jucelino da Luz <jucelinodaluz1@gmail.com>

Señor Decano de la Universidad Camilo José Cela -Urgent !
1 message

jucelino da Luz <jucelinodaluz1@gmail.com> 17 February 2021 at 16:37
To: info@ucjc.edu

Universidad Camilo José Cela · C/ Castillo de Alarcón, 49 · Urb. Villafranca del Castillo · 28692 Madrid
España

Señor Decano de la Universidad Camilo José Cela
Le envio una copia de una importante carta que me gustaría haber analizado Vuestra Señoría, para ayudar a algunos profesores calificados en el estudio de la virología, para evitar una catástrofe entre 2025 y 2026 (cuando Marburgo podría convertirse en un pandemia - comenzando si en Madrid-España y cerca de Belgrado - Serbia.
Cuente con su importante apoyo, no más por el momento.
Atentamente,

Prof., Jucelino Nobrega da Luz

//

Mr. Dean of Universidad Camilo José Cela
I am sending you a copy of an important letter that I would like to have analyzed Your Honor, to help some cualified professors in the study of virology, to avoid a catastrophe between 2025 and 2026 (when Marburg could turn into a pandemic - starting if in Madrid -Spain and near Belgrade - Serbia.
I count on your important support, no more at the moment.
Sincerely,

Prof., Jucelino Nobrega da Luz

5 attachments

Marburg Book 1.jpg
553K

Marburg book 2.jpg
537K

Marburg book 7.jpg
532K

 Gmail

jucelino da Luz <jucelinodaluz1@gmail.com>

Respuesta automática: El presidente del Gobierno, Pedro Sánchez - copia de carta de enero de 2019

1 message

DPD@mpr.es <DPD@mpr.es>
To: jucelinodaluz1@gmail.com

8 December 2020 at 00:10

Este buzón ya no está en funcionamiento.

A través de https://mpr.sede.gob.es/pagina/index/directorio/proteccion_de_datos puede ampliar la información de protección de datos correspondiente a Presidencia del Gobierno, el Ministerio de la Presidencia, Relaciones con las Cortes y Memoria Democrática y sus organismos públicos.

Si desea realizar una consulta a la Delegada de Protección de Datos relacionada con los tratamientos de datos personales de Presidencia del Gobierno, el Ministerio de la Presidencia, Relaciones con las Cortes y Memoria Democrática y sus organismos públicos puede utilizar el formulario https://www.mpr.gob.es/Paginas/contacto-dpd.aspx

Disculpe las molestias.

Este mensaje se dirige exclusivamente a su destinatario y puede contener información privilegiada o confidencial. Si no es Vd. el destinatario indicado, queda notificado de que la lectura, utilización, divulgación y/o copia sin autorización está prohibida en virtud de la legislación vigente. Si ha recibido este mensaje por error, le rogamos que lo destruya y notifique el hecho a la dirección electrónica del remitente. El correo electrónico vía Internet no permite asegurar la confidencialidad de los mensajes que se transmiten ni su integridad o correcta recepción. Ministerio de la Presidencia, Relaciones con las Cortes y Memoria Democrática no asume ninguna responsabilidad por estas circunstancias.

This message is intended exclusively for its addressee and may contain information that is CONFIDENTIAL and protected by a professional privilege or whose disclosure is prohibited by law. If you are not the intended recipient you are hereby notified that any read, dissemination, copy or disclosure of this communication is strictly prohibited by law. If this message has been received in error, please immediately notify us via e-mail and delete it. Internet e-mail neither guarantees the confidentiality nor the integrity or proper receipt of the messages sent. Ministry for the Presidency, Parliamentary Relations and Democratic Memory does not assume any liability for those circumstances.

Antes de imprimir este mensaje, asegúrese de que es realmente necesario. EL MEDIO AMBIENTE ES COSA DE TODOS

Ministerio de la Presidencia, Relaciones con las Cortes y Memoria Democrática. <http://www.mpr.gob.es>

Igreja em San Francisco de Tovar - Saint Martin's Church (La Iglesia de San Martin)

Ao Padre Darwin Ramírez

La Colonia Tovar, Venezuela

Águas de Lindóia, 18 de fevereiro de 2020

Não me conheces , quero apenas seu bem , sei que tu estás bem próximo de Deus com um coração sincero e com toda a certeza que a fé traz, tendo nosso coração aspergido para nos purificar de uma consciência culpada e lavando nosso corpo com água pura, portanto, mantenha seus olhos focados - procure, estou lá! Não despreze suas circunstâncias ou afundará como Pedro ao tentar andar sobre a água, mas duvidou. (Mateus 14: 28-31) . E terás uma aprovação , ou seja, correrá perigo entre Agosto à Dezembro de 2021 , leia com atenção os presságios que escrevo abaixo.

Venezuela, chuvas fortes e destruição

1) Em torno de 20 pessoas vão morrer em cidades andinas da Venezuela, duramente atingidas pelas chuvas de 23 e 24 de agosto de 2021, na cidade de Tovar (..) e no município de Pinto Salinas, no oeste do estado de Mérida. Chuvas vão cair por várias horas no Vale dos Mocotíes, região agrícola muito visitada por turistas. Rochas gigantescas vão rolar das montanhas danificando e bloqueando estradas. Além de Mérida, as chuvas vão afetar outras regiões da Venezuela, incluindo a capital Caracas, teremos um aumento da vazão de rios em pelo menos seis estados. Dos estados que serão atingidos por fortes chuvas, três vão estar em alerta amarelo: Apure, Amazonas e Falcón. Bolívar, Guárico e Zulia estão em alerta vermelho. . E o Padre Darwin Ramírez, de San Francisco de Tovar, conseguirá se salvar saindo pela janela de seu veículo devido as tempestades na cidade ;

2) Denominado oficialmente como '2021 PT', o objeto espacial passará próximo ao nosso planeta no dia 29 de agosto de 2021 , tem um diâmetro aproximado de 240 metros (dimensão pode variar). O asteroide colossal tem aproximadamente o tamanho de um campo de futebol. O corpo celeste gigante trafega atualmente em altíssima velocidade. Um outro gigante asteroide no mês de setembro de 2021 ,denominado oficialmente como '2021 NY1', o objeto espacial passará próximo ao nosso planeta no dia 22 de setembro de 2021 . Como revelado, nos sonhos premonitórios , ele tem um diâmetro aproximado de 290 metros, trafega atualmente em altíssima velocidade.

3) Os efeitos e consequências das mudanças climáticas vão cada vez mais mostrar sua força no ano de 2021 em diante . Enquanto no Brasil serão registrados recordes de temperaturas negativas no inverno, o Hemisfério Norte sofrerá com uma onda de calor sem precedentes. Na Italia as temperaturas atingirão até 49°C e deixarão mortos , na Grécia serão registrados 586 incêndios florestais , em todos os cantos do país , a ilha de Evia, na Grécia, ficará completamente destruída com os mais de 500 pontos de incêndio que vão atingir o país. Na Itália, a temperatura de 49 °C será registrada na província de Siracusa vai ser o valor mais alto registrado no continente europeu, outras cidades italianas que atingirão temperaturas elevadas no mês de agosto de 2021 serão Paternò (48 °C), Mineo (47 °C), Francofonte (46 °C) e Aragona (46 °C). Como consequência da onda de calor, durante vários dias, as chamas vão ser alimentadas pelo vento e calor assolarão as florestas italianas. E Calábria e Sicília vão ter em torno de 300 intervenções em apenas 12 horas e em La Madonia, uma região montanhosa próxima a capital siciliana, cultivos, casas e prédios industriais serão destruídos ;

4) Incêndios vão devastar reservas ecológicas na Bolívia A Bolívia lutará para impedir que incêndios se alastrem. O fogo vai devastar enormes áreas de reservas ecológicas entre 18 à 26 de Agosto de 2021 ;

5) Até dia 24 de agosto de 2021 , o Japão enfrentará o caos do vírus Corona vírus , um número alto de testados positivo para o novo coronavírus no país, incluindo os aeroportos, será em torno de 22 mil casos , aumentará o cumulativo para 1,40 milhão de pessoas infectadas. Em

Kanto serão mais de 4 mil , em Tóquio quase 2 (duas) mil , em Kanagawa, mais de 1 mil e duzentas pessoas , em Chiba, quase 1400 , em Saitama, 250 pessoas, em Ibaraki, 265 em Gunma e 223 em Tochigi , serão 2.368 em Osaka, 1.079 em Hyogo, recordes em Nara com 223 e em Shiga com 235; serão 879 em Fukuoka, 287 em Hiroshima e 750 em Okinawa. Na região Tokai serão 545 em Shizuoka, 342 em Mie e recordes em Gifu, com 382 e em Aichi, com 1.617. Nagoia vai ser o pior número desta epidemia com 555 que vão ser testados positivo, serão 67 em Toyota, 63 em Ichinomiya, 95 em Okazaki e 85 em Toyohashi, entre outras que poderão aumentar ;

6) O músico **Charlie Watts** poderá morrer no dia 24 de agosto de 2021 , **Baterista** da banda de rock **Rolling Stones**. Ele é um dos membros mais antigos do conjunto e atua como baterista desde 1963. Em 2004, passou por um tratamento de câncer na garganta.(previsto em meus sonhos) Os Stones vão sair em uma nova turnê no dia 26 de setembro de 2021 e Watts vai realizar um procedimento cirúrgico. ;

7) A Colônia Tovar, uma cidade venezuelana situada 65 quilómetros a sul de Caracas e um dos sítios muito frequentado durante os fins de semana pelos caraquenhos, fechará a partir de 15 de março de 2020 , as portas aos visitantes devido à pandemia de Covid-19.

8) O Brasil , EUA , enfrentarão grandes problemas com o corona vírus -Covid19 e também com a política que será uma grande guerra entre políticos ;

Alerta climático:

No mês de agosto 2021 , será o marco para autoridades compreenderem as Mudanças Climáticas causadas pela ação humana no planeta poderá ser - irreversível, irremediável e irrefutável - se nada fizermos .A emissão de gases do efeito estufa e desmatamento, mostra que chegamos em um ponto absolutamente desastroso para a vida do planeta terra , venho fazendo esses alertas através de cartas e palestras desde 1969 . Ártico tem invernos cada vez mais quentes: temperatura média anual subirá até 12 ° C até 2041

Os pontos entre a crise climática e as condições meteorológicas extremas: globalmente, secas que podem ter ocorrido apenas uma vez a cada 10 anos ou mais (desde o início da industrialização no mundo), agora acontecem 78% mais frequentemente. E em meio à seca implacável e ao calor recorde, as temporadas de incêndios florestais vão ser mais longas e resultarão em incêndios mais destrutivos. Muitas florestas vão começar a criar incêndios sozinhas até 2035 – se não pararmos o desmatamento , e fazer uma união global para plantação de mais árvores nativas , estamos defasados em torno de um trilhão de árvores no mundo , precisamos recuperar as florestas imediatamente .

As **últimas quatro décadas foram as mais quentes desde 1850 e que a temperatura global já aumentou 1,09° C** desde então. A tendência é que mesmo que zeremos amanhã a emissão de gases do efeito estufa, **não conseguiremos conter um aquecimento** maior do planeta Terra - se não nos unirmos rapidamente .

Espero estar errado , no entanto, foi que vi em meus sonhos . Cuide-se , suplico-lhe .

Cordialmente,

Protocolado
18/02/2020
Jucelino Nobrega Da Luz

Professor Jucelino Nobrega da Luz -Caixa Postal 54 –Águas de Lindóia -S.P CEP:13940-000 Brasil

Attention! Toutes les lettres ci-dessus mettent en garde contre le réchauffement climatique, la possible pandémie de fièvre hémorragique de Marburg et d'autres questions importantes.

Partie 13

Conclusion finale

Des descriptions de cas de patients infectés par le virus de Marbourg ont été décrites depuis 1967, année où plus de 460 cas de la maladie ont été signalés.

Beaucoup a été fait pour faire connaître la pathogenèse de ce virus chez les animaux, y compris les primates non humains, afin de se rapprocher d'une prophylaxie et d'un traitement efficaces de la maladie causée par ce virus, si agressif pour l'homme, comme la fièvre hémorragique de Marbourg. Premiers symptômes de la maladie

parce qu'il est similaire à la grippe, expose les membres de la famille et les professionnels de la santé au virus, ce qui entraîne de nouvelles épidémies de la maladie.

Dans cette étude, il a été possible d'élucider des aspects liés à la pathogénie de la maladie et de nombreuses caractéristiques qui décrivent la situation de la fièvre hémorragique causée par le virus de Marburg. Il faut toujours chercher à obtenir des informations sur le patient, s'il a voyagé en Afrique et/ou a été en contact avec des personnes qui étaient ou ont travaillé avec des personnes infectées par le virus. La seule façon d'éviter la contagion est d'isoler le patient.

du patient, en respectant les normes de précaution de la signalisation d'isolement, même en cas de suspicion, et des équipements de protection qui assurent une barrière physique avec le virus. Il faut avant tout respecter les procédures de biosécurité et les bonnes pratiques de manipulation des matériaux et des déchets pour éviter la propagation du virus.

Les soins prodigués par l'équipe médicale, et en particulier par les professionnels des soins infirmiers, sont de la plus haute importance pour les patients atteints de la fièvre hémorragique de Marburg et doivent être revus périodiquement par les équipes travaillant dans les zones à risque ou les centres de référence en infectiologie susceptibles de recevoir des cas similaires. Nous pourrions avoir à faire face à une nouvelle épidémie de fièvre de Marbourg, et des mesures doivent être préparées pour éviter les pertes de vies humaines dans le monde entier.

The Mirror - Hong Kong Band Group

Dear Composer Wang Shuangjun (Emergency)

Broadcast - Headquarters Location

Hong Kong, 852 HK - Hong Kong

Águas de Lindoia, 27 June 2022

I appreciate the arena and " the boy band mirror", but there can be two accidents there, but that's why you need to be careful and give a lot of care to those who will be performing. Peace in the world has to be built on the attitude of each individual. Collective peace begins precisely with the individual. Peace is one of the most valuable assets of humanity. God is in charge, have faith and think peacefully!

Spiritual messages :

1. The Band group Mirror will perform at the Hong Kong Coliseum on 28 July 2022 when a large LED video display above the stage will crash into one of the dancers and knock over the other. The two performers are predicted to be taken to hospital, with one said to be in stable condition with a head injury and the other in serious condition with a neck injury. During the performance on 26 July 2022, member Frankie Chan will fall off the stage while giving a speech. The band's performance will be dangerous with a high risk of accident, (high risk of loss of life) until October 2023.

2. On 27 July 2022, a strong earthquake will strike the Philippines, killing and injuring dozens of people. The earthquake will cause landslides and damage buildings and churches in the northern Philippines and will be felt even in the capital Manila, more than 300 kilometres from the epicentre, a shallow earthquake whose epicentre is in the mountainous province of Abra, on the main island of Luzon.

3. Japanese actress Yoko Shimada, who was nominated for a Golden Globe and an Emmy for her portrayal of Mariko in the classic 1980 miniseries Shogun, will probably die on 25 July 2022 in a Tokyo hospital from complications of colon cancer.

4. On 24 July 2022, the volcano Sakurajima erupts in the southwest of the country, in Kagoshima Prefecture, about 965 km from Tokyo, Japan.

5. The slowdown in China will spill over to major exporters in Europe and East Asia through falling demand for manufactured goods and will cause a rare drop in the trade deficits of Germany and South Korea with the world's second-largest economy. With global commodity prices rising, official figures for China's import growth will be around 1% in June 2022 and South Korea's exports to China could fall by 2.5% in July 2022 - with an even worse trend by November 2023.

6. New Zealand will see a sharp increase in cases, deaths and hospitalisations in July 2022. The country will be at the start of a second wave of variant omegas, followed by BA.2.75, largely due to the effects of experimental vaccines that will cause immunity to decline, what will happen to the world, the re-occurrence will spread, and then some scientists and their government supporters will use their carefully crafted fallacies to say that either by variant or unvaccinated healthy people - will then make the same mistake again, wanting to force people to be vaccinated earlier, without the conclusions of vaccine studies. "Crimes against humanity".

7. TalkTV presenter Kate McCann will faint from the side effects of the experimental Covid19 vaccine during the political debate between candidate Lizzie Truss and her opponent Rishi Sunak for the post of British Prime Minister on 26 July 2022. The presenter should have had tests done and taken care of herself as it would have lowered her immunity and she could have developed brain or blood circulation problems due to the side effects.

8. Mainland China and Hong Kong stock markets will end their decline on 27 July 2022 and the US central bank's monetary policy will bring a bad outlook for the US and the world. A Federal Reserve announcement will be made and the Fed is expected to raise interest rates by another 0.75 to 1.0 percentage points to fight inflation. The CSI 300 index, which brings together the largest companies listed in Shanghai and Shenzhen, will close lower at higher levels, with the Shanghai index falling sharply. And Hong Kong's Hang Seng Index will retreat 1.13 per cent, before likely rising further by October and November 2022. In 2023, things should be even worse ... 2023 recession high.

9. Japan's honorary emperor, Akihito, father of the current emperor, will likely suffer heart failure and should be very careful as there is an imminent risk to his life. (between July 2022 and August 2023).

10. The US stock market goes into a steep decline on 26 July 2022, with a plunge in Wal-Mart profits set to bring down retail paperwork and unusually weak consumer confidence figures. The S&P 500 will close sharply lower, the Nasdaq Composite Technical Index will pull back and Wal-Mart shares will sink nearly 8.0% after the retailer's earnings forecasts are slashed, several will fall together and there is a strong possibility that the US economy will fall into recession between August 2022 and December 2023.

11. Russian model Sofia Oliverenko, , will be thrown from a building in Istanbul (Turkey) on July 18, 2022 and could die instantly.

12. More than 25 typhoons will hit some countries in Asia, for example: Japan, China, Taiwan, the Philippines, Hong Kong, Macau, Vietnam, Indonesia, India and Malaysia will be hit by more than 25 typhoons on 19 November 2022.

13. Jackie Chan or Fan Shi Long, is an actor, producer, screenwriter, choreographer, film director, singer and Korean martial arts expert who has studied Hapkido and various styles of Kung Fu such as Drunken Fist, Wing Chun and Northern Shaolin. He must be very careful between 1 April and 30 July 2023 as he will be at risk of a serious accident" - he must be very careful with his health and this is a period of great risk.

14. British Prime Minister Boris Johnson will step down (resign) on 7 July 2022 and, if there is no change in energy, Rishi Sunaq will be the next British Prime Minister.

I hope to be wrong, but this is what I see in my dreams.

Sincerely

Prof. Juscelino Nobrega da Luz -Caixa Postal 54 -ÁguaS de Lindóia -S.P CEP:13940-000 Brazil

Traduction de la lettre envoyée au groupe The Mirror à Hong Kong

Le Miroir - Ensemble masculin de Hong Kong

Cher compositeur Wang Shuangjun (Urgence)

Diffusion - Siège social

Hong Kong, 852 HK - Hong Kong

Águas de Lindoia, 27 juin 2022

J'apprécie l'arène et le miroir des boys bands, mais il pourrait y avoir deux accidents, mais c'est pourquoi il faut être prudent et faire très attention à ceux qui vont se produire. La paix dans le monde doit être construite sur l'attitude de chaque individu. La paix collective commence précisément par l'individu. La paix est l'un des biens les plus précieux de l'humanité. Dieu est aux commandes, ayez la foi et pensez en paix!

Messages spirituels:

1) Le groupe masculin Mirror se produit au Hong Kong Coliseum le 28 juillet 2022 lorsqu'un grand écran vidéo LED situé au-dessus de la scène s'écrase sur l'un des danseurs et renverse l'autre. Les deux artistes devraient être transportés à l'hôpital, l'un se trouvant dans un état stable avec une blessure à la tête et l'autre dans un état grave avec une blessure au cou. Lors de la représentation du 26 juillet 2022, le membre Frankie Chan tombera de la scène en faisant un discours. La performance du groupe sera dangereuse avec un risque élevé d'accident, (risque élevé de perte de vie) jusqu'en octobre 2023.

2) Le 27 juillet 2022, un fort tremblement de terre frappera les Philippines, faisant des dizaines de morts et de blessés. Le séisme provoquera des glissements de terrain et endommagera des bâtiments et des églises dans le nord des Philippines et sera ressenti même dans la capitale Manille, à plus de 300 kilomètres de l'épicentre, un séisme peu profond dont l'épicentre se trouve dans la province montagneuse d'Abra, sur l'île principale de Luzon.

L'actrice japonaise Yoko Shimada, qui a été nominée pour un Golden Globe et un Emmy pour son interprétation de Mariko dans la mini-série classique Shogun en 1980, mourra probablement le 25 juillet 2022 dans un hôpital de Tokyo des suites d'un cancer du côlon.

Le 24 juillet 2022, le volcan Sakurajima entre en éruption dans le sud-ouest du pays, dans la préfecture de Kagoshima, à environ 965 km de Tokyo (Japon).

Le ralentissement de la Chine se répercutera sur les principaux exportateurs d'Europe et d'Asie de l'Est par le biais d'une baisse de la demande de produits manufacturés et entraînera une baisse rare des déficits commerciaux de l'Allemagne et de la Corée du Sud avec la deuxième économie mondiale. Avec la hausse des prix mondiaux des produits de base, les chiffres officiels indiquent que la croissance des importations de la Chine sera d'environ 1 % en juin 2022 et que les exportations de la Corée du Sud vers la Chine pourraient chuter de 2,5 % en juillet 2022 - avec une tendance encore pire en novembre 2023.

6. la Nouvelle-Zélande connaîtra une forte augmentation des cas, des décès et des hospitalisations en juillet 2022. Le pays sera au début d'une deuxième vague d'omégas variants, suivie de BA.2.75, en grande partie due aux effets des vaccins expérimentaux qui entraîneront une baisse de l'immunité, ce qui arrivera au monde, la réapparition se répandra, puis certains scientifiques et leurs partisans gouvernementaux utiliseront leurs sophismes soigneusement élaborés pour dire que les personnes saines, qu'elles soient ou non vaccinées, commettront à nouveau la même erreur, en voulant obliger les gens à se faire vacciner plus tôt, sans les conclusions des études sur les vaccins. "Crimes contre l'humanité".

7. la présentatrice de TalkTV Kate McCann s'évanouira des effets secondaires du vaccin expérimental Covid19 lors du débat politique entre la candidate Lizzie Truss et son adversaire Rishi Sunak pour le poste de Premier ministre britannique le 26 juillet 2022. La présentatrice aurait dû faire des tests et prendre soin d'elle car cela aurait diminué son immunité et elle aurait pu développer des problèmes de cerveau ou de circulation sanguine à cause des effets secondaires.

8. les marchés boursiers de Chine continentale et de Hong Kong mettront fin à leur baisse le 27 juillet 2022 et la politique monétaire de la banque centrale américaine apportera de mauvaises perspectives pour les États-Unis et le monde. Une annonce de la Réserve fédérale sera faite et l'on s'attend à ce que la Fed augmente les taux d'intérêt de 0,75 à 1,0 point de pourcentage supplémentaire pour lutter contre l'inflation. L'indice CSI 300, qui regroupe les plus grandes sociétés cotées à Shanghai et à Shenzhen, clôturera en baisse, l'indice de Shanghai étant en net recul. Et l'indice Hang Seng de Hong Kong reculera de 1,13 %, avant de remonter probablement d'ici octobre et novembre 2022. En 2023, les choses devraient être encore pires...   2023 récession élevée.

9. l'empereur honoraire du Japon, Akihito, père de l'empereur actuel, va probablement souffrir d'une insuffisance cardiaque et doit être très prudent car sa vie est en danger imminent. (entre juillet 2022 et août 2023).

Le 26 juillet 2022, le marché boursier américain subit une forte baisse, en raison de l'effondrement des bénéfices de Wal-Mart qui fait chuter le commerce de détail et de la faiblesse inhabituelle des chiffres de la confiance des consommateurs. Le S&P 500 clôturera en forte baisse, l'indice technique Nasdaq Composite se repliera et les actions de Wal-Mart sombreront de près de 8,0 % après que les prévisions de bénéfices du détaillant ont été revues à la baisse, plusieurs tomberont ensemble et il est fort possible que l'économie américaine tombe en récession entre août 2022 et décembre 2023.

Le mannequin russe Sofia Oliverenko, sera jetée du haut d'un immeuble à Istanbul (Turquie) le 18 juillet 2022 et pourrait mourir sur le coup.

Plus de 25 typhons vont frapper certains pays d'Asie tels que le Japon, la Chine, Taiwan, les Philippines, Hong Kong, Macao, le Vietnam, l'Indonésie, l'Inde et la Malaisie le 19 novembre 2022.

13. Jackie Chan ou Fan Shi Long est un acteur, producteur, scénariste, chorégraphe, réalisateur, chanteur et expert en arts martiaux coréens qui a étudié l'aïkido et divers styles de kung-fu tels que le Drunken Fist, le Wing Chun et le Northern Shaolin. Il doit faire très attention entre le 1er avril et le 30 juillet 2023 car il risque un accident grave" - il doit faire très attention à sa santé et c'est une période de grand risque.

14. le Premier ministre britannique Boris Johnson se retirera (démissionnera) le 7 juillet 2022 et, s'il n'y a pas de changement d'énergie, Rishi Sunaq sera le prochain Premier ministre britannique.

J'espère me tromper, mais c'est ce que je vois dans mes rêves.

Sincèrement

Jucelino Nobrega da Luz -Caixa Postal 54 -ÁguaS de Lindóia -S. P CEP:13940-000 Brésil

Partie 14

Cette autre épidémie qui, dans quelques années, tuera plus de 9 millions de personnes dans le monde...

Lettre ouverte envoyée aux autorités gouvernementales du monde entier le 12 septembre 2009

Jucelino Luz avertit dans cet appel aux dirigeants du monde qu'en plus de l'épidémie causée par le Coronavirus, qui sera la plus forte en décembre 2019, Marburg entre 2025 et 2026, le virus Nipah entre 2027 et 2029, un virus mortel s'avère également être une grande menace pour la vie humaine, générant un grand nombre de personnes touchées et de décès à grande échelle dans le monde entier. On en trouve déjà des traces sur tous les continents, notamment en Asie, en Europe et en Antarctique. À mesure que ses effets s'étendront dans le temps, elle affectera l'économie mondiale et intensifiera encore la pauvreté. Comme le coronavirus, il s'agit d'un autre cas d'épidémie mondiale.

Jucelino Luz prévient que la situation est grave. Sept millions de personnes dans le monde meurent chaque année à cause de la pollution atmosphérique, l'un de ses effets, ainsi que 280 000 autres décès estimés dus à certains de ses autres symptômes, tels que la diarrhée, la malnutrition et même la transmission de maladies tropicales comme le paludisme. Jucelino Luz estime également que cette épidémie fera basculer 100 millions de personnes dans l'extrême pauvreté d'ici 2035, et que 149 millions de personnes seront contraintes de quitter leurs terres en raison de ses effets.

Bien que l'existence de ce virus soit mystérieuse pour la majeure partie de la population et que son émergence soit encore niée, il n'est pas si inconnu pour 99% des scientifiques du monde entier, qui mettent en garde contre ses effets depuis des années. Il y a quelque temps, on l'appelait "changement climatique" et aujourd'hui, ayant atteint un niveau de gravité encore plus complexe, il est configuré comme une crise climatique.

La crise climatique touche toutes les formes de vie, en particulier l'espèce humaine. Les données scientifiques montrent qu'elle touche les groupes les plus vulnérables de la société. Dans les villes, les périphéries et les zones où l'on investit moins dans les politiques publiques seront les plus touchées. En outre, c'est aussi une question de genre et de couleur. Jucelino Luz a envoyé une lettre aux Nations unies (ONU), qui, suivant également le combat de ce visionnaire, met en garde contre l'impact du manque de conscience de l'être humain, qui finit par être plus sensible à la dégradation de l'environnement. Une étude montre, par exemple, que 85 % des personnes chassées de chez elles en raison des effets de la crise climatique sont des femmes et des personnes en situation financière précaire, souvent abandonnées par leurs dirigeants.

Jucelino Luz avertit que cela est dû à la libération massive de certains gaz et polluants, qui sont piégés dans l'atmosphère et provoquent le réchauffement de la planète. Ensuite, une série d'effets en chaîne se produisent et affectent tout, des grands glaciers aux villes et aux forêts. La crise climatique étant un énorme risque mondial et systémique qui va se propager de manière plus intense au cours des prochaines décennies, voire des prochains siècles, de nombreux événements et changements climatiques atypiques vont se produire. Il est nécessaire d'investir dans des stratégies d'adaptation et d'atténuation de leurs effets avant que la majorité de la population mondiale ne souffre encore plus.

Au Brésil

Le territoire brésilien n'échappe pas à la liste des pays responsables et affectés par l'apparition de la crise climatique. 2019 a été l'année la plus chaude enregistrée au Brésil, avec une température maximale moyenne (jour) de 32 degrés Celsius (° C). Certaines villes ont atteint une température de 44 ° C en juillet 2019, comme c'est le cas dans l'intérieur du Mato Grosso do Sul. Pour la science, il est déjà acquis que la température moyenne au Brésil augmente chaque année, ce qui aggrave les catastrophes environnementales récurrentes dans le pays, telles que des tempêtes sans précédent dans certaines régions du Brésil et des sécheresses intenses dans d'autres, qui peuvent même compromettre la production alimentaire, notamment dans le Nord-Est.

Il est important que la population soit mieux informée des effets de cette épidémie dans leur région. Au début de l'année, le sud-est du Brésil, par exemple, a été averti que sa saison la plus attendue, l'été, serait moins chaude et avec des précipitations plus intenses et ponctuelles. Les tempêtes se sont aggravées cette saison et, faute de politiques publiques adéquates et de préparation pour faire face aux fortes pluies, au moins 145 personnes ont perdu la vie et plus de 4 500 se sont retrouvées sans abri lors de l'une des principales tempêtes.

On prévoit que, dans les années à venir, le virus se transformera encore davantage et générera des effets encore plus douloureux. Pour le Brésil, le monde est également concerné, nous devons agir jusqu'en 2043 - nous pouvons diminuer la population totale jusqu'à 80% et subir de grandes pertes dans des régions importantes pour notre survie. Des études sur les mutations indiquent que l'élévation du niveau de la mer sera encore plus marquée d'ici 2050, ce qui affectera fortement le monde, ainsi que le Brésil, qui possède une large bande côtière - avec environ 8 500 km² - et dont 22,8 % de la population vit près de la côte. Ce message s'adresse à tous ceux qui, depuis des années, tentent de survivre près des zones côtières. Cela peut avoir des conséquences très profondes, touchant principalement l'économie locale et mondiale, le mode de vie des gens. Avec l'élévation du niveau de la mer, les populations côtières seront contraintes de quitter leurs foyers et de chercher de nouveaux moyens de subsistance, car beaucoup dépendent de la pêche et d'autres activités similaires pour survivre. Les conséquences environnementales se feront également sentir, ce qui aura un impact considérable sur l'écosystème, affectant directement les biomes et les espèces qui y vivent.

Heureusement, les scientifiques ont fait de grands progrès dans leurs études pour résoudre cette épidémie mondiale, tout comme les peuples traditionnels ont montré des solutions pratiques pour que l'espèce humaine reste en vie. Il appartient maintenant aux dirigeants mondiaux et régionaux, aux entreprises et même au marché financier de répondre à cette pandémie avec l'urgence nécessaire. Les pays doivent poursuivre une coopération internationale sans précédent, qui a débuté en 2015 avec l'Accord de Paris, et fournir un financement urgent pour que les populations déjà touchées par le virus puissent s'adapter à ses effets catastrophiques et créer des solutions pour atténuer les effets de cette crise. Une quarantaine doit être décrétée au plus vite et une urgence climatique mondiale doit être déclarée par tous les pays afin de réduire les émissions de gaz à effet de serre, qui sont l'une des principales causes de la crise climatique. C'est une question de vie ou de mort.

Professeur Jucelino Luz

Mot de la fin - ce qui pour moi est le sens de la vie!

Chaque être humain est un univers en miniature, chaque être humain a des aspirations différentes de tous les autres de cette espèce. Et je pense que dans un tonus général, dans l'amélioration de l'organisation générale de l'individu, il doit être un objet, doit être la portée du projet éducatif dans le monde, en développant chez chaque individu, ou chez l'être humain, le respect de son prochain.

Dans la mesure où chacun d'entre nous apprend que la matière qui le compose est identique à celle dont sont faits tous les autres, et tant que chacun d'entre nous est conscient, il n'y a rien qui nous sépare intrinsèquement pour nous tous, êtres humains.

Et lorsque nous serons tous conscients que le mot "similaire" signifie "séminal", nous nous respecterons tous mieux.

Ce que j'apporte comme message final d'exemple de vie, pour toutes les personnes qui ont été ou ont pris/pris part à ma vie d'éducateur et d'orateur spirituel, suivi depuis le début de mon existence, c'est une attention et un respect humanisés pour nos semblables; - il ne sert à rien de se battre quand on parle de "droits de l'homme", de "dictature", de "communisme", de "capitalisme" et que plus de la moitié de la population mondiale meurt de faim. Où les enfants se tournent vers les poubelles pour trouver de la nourriture. C'est absurde!

Jusqu'à ce que cela soit corrigé, rien d'autre n'a de sens pour moi.

Et dans ce message que j'apporte, regardez l'autre individu, parce que la différence entre un concierge et un scientifique n'est qu'une différence d'information - parce que le concierge a eu peu d'éducation, souvent à cause de la discrimination de la société elle-même, et qu'il (elle) sait seulement comment nettoyer le sol, cependant, cet individu est aussi utile que le scientifique. Il (elle) a droit à une vie digne. Pour moi, c'est le sens de la vie!

Lorsque je ne me sens plus utile, lorsque je sens que je ne pense qu'à moi, alors je n'ai plus le droit d'être ici.

Professeur Jucelino Luz

Les livres publiés et leur but proposent:

L'objectif de Jucelino n'est pas que ses prédictions se réalisent. Son souhait le plus cher est qu'elles ne se réalisent pas et que les lecteurs de ses lettres - c'est-à-dire nous - tiennent compte de ses prédictions afin d'adoucir, voire d'inverser, la ligne du temps qui se rapproche. Jucelino nous assure qu'il n'y a pas de prédéterminations absolues et qu'il existe chez l'homme une possibilité d'évolution. Mais comment faire? Changer de cap nécessite une évolution, un changement profond de notre façon de penser et d'agir vers plus de conscience et de responsabilité. Devenir homo conscientes: sommes-nous prêts? Parce que vous l'êtes maintenant!

Pour obtenir n'importe quelle édition de ces livres chez vous - il suffit de contacter le représentant ci-dessous:

Versions anglaise, allemande, japonaise, française, espagnole et portugais

Livres

Jucelino da Luz
CORONA VÍRUS
COVID-19
A verdade sobre o que esta por trás do COVID-19
LUX

Jucelino Nóbrega da Luz
UM SER FORA DO TEMPO
sonhos premonitórios
REVELAÇÕES II
SONHOS PREMONITÓRIOS
3ª REIMPRESSÃO
JUCELINO
NÓBREGA DA LUZ
FATOS COMPROVADOS

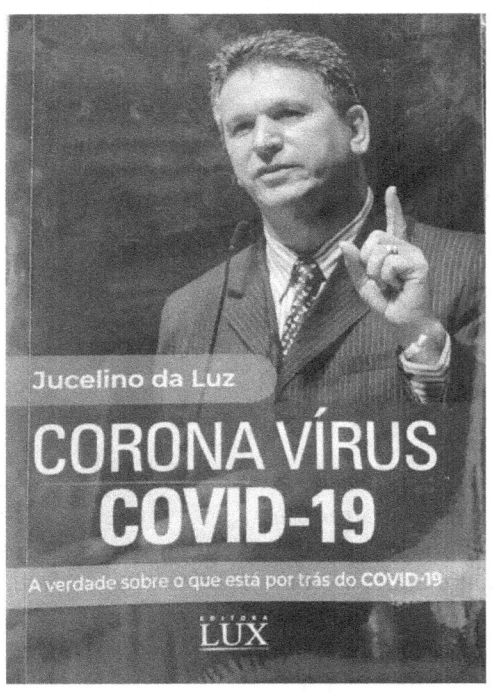

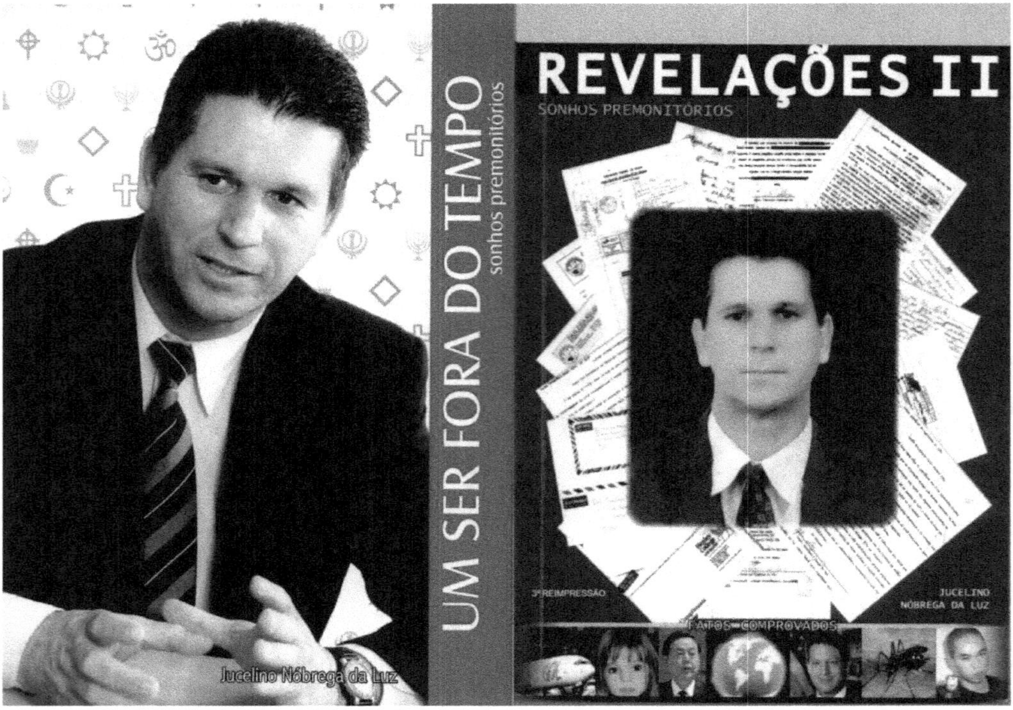

Les prophéties en néerlandais -

Les prophéties en néerlandais

Le RÊVEUR

Les Prophéties

Fièvre hémorragique de Marbourg en Suède

Contact Martin Mosquera

martincd_mosquera@hotmail.com

+55-62-982006505

WhatsApp/ Telegram/ signal

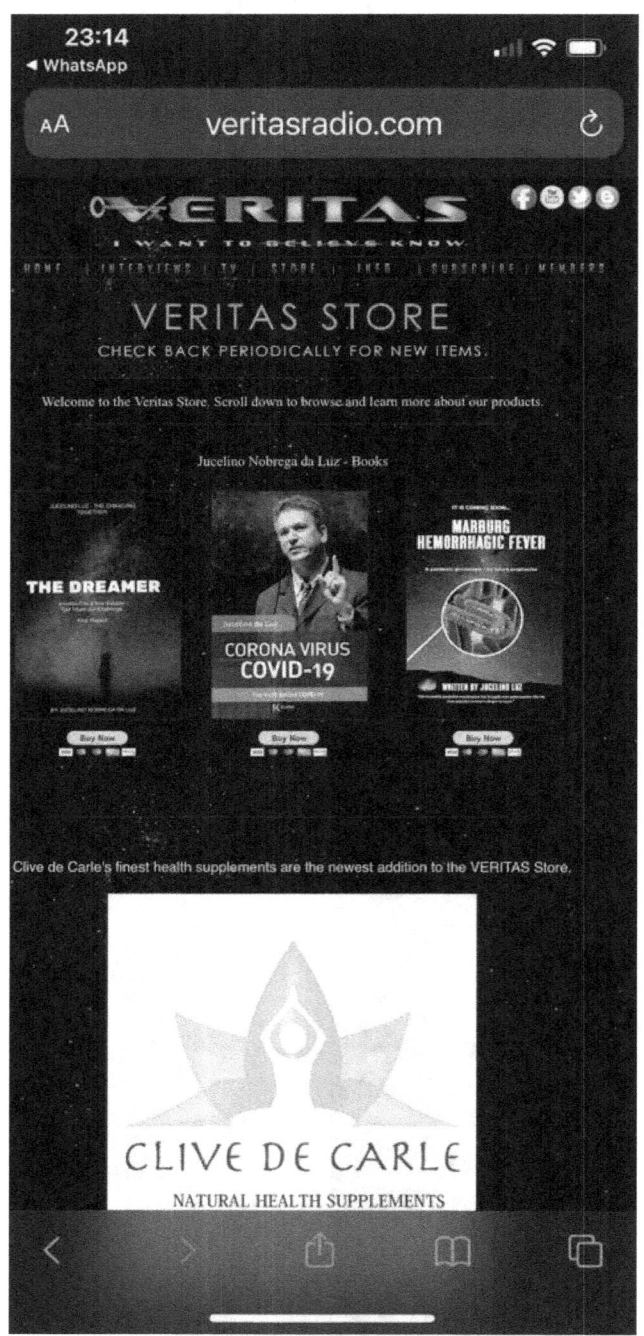

Edition E-BOOK aux Etats-Unis - www.veritasradio.com

Amen Chung: -Hong Kong /Chine/ Taiwan /Macau

Prophète Jucelino Nobrega da Luz (au Brésil) (jnl-asia.com)

Le monde d'Après-2020-2043

Considéré par certains médias internationaux comme le « prophète du XXIe siècle », Jucelino Nobrega Da Luz a rédigé près de 100 000 lettres prémonitoires. Depuis ses neuf ans, il fait jusqu'à neuf « rêves » par nuit, six nuits par semaine. Ses « rêves » lui permettent de rapporter des évènements du monde entier avec une précision incontestable.
Depuis cinquante ans, il a envoyé des lettres à des personnalités célèbres comme Elvis Presley, la Princesse Diana, Michael Jackson ou encore Johnny Hallyday, des personnalités politiques comme Nelson Mandela, Barack Obama, Angela Merkel, mais aussi à de nombreuses compagnies aériennes les prévenant de futurs crash d'avions avec des précisions telles que la cause de la défaillance et le numéro de vol. Jucelino a ainsi alerté Georges Bush dès 1989 au sujet de l'attentat du World Trade Center, et il avait aussi prédit l'attentat de Charlie Hebdo, l'incendie de Notre Dame de Paris, ainsi que des évènements climatiques comme l'explosion nucléaire de Fukushima en 2011, ou encore l'épidémie de Coronavirus qu'il avait annoncée dès 2006 avec d'impressionnants détails : « *le coronavirus qui sera appelé Covid 19 commencera le 12 septembre 2019 à Wuhan en Chine, mais il sera découvert le 31 décembre 2019 ; il se répand très rapidement partout, avec des milliers de morts [...] dans le monde entier en 2020.* » (Lettre du 12 décembre 2006). Jucelino est le seul à avoir prédit l'arrivée du coronavirus treize ans avant le premier foyer chinois.
Ce livre contient aussi de nombreuses lettres qui concernent notre futur à partir de 2020 : les résultats de la prochaine élection présidentielle américaine, l'avenir de l'Union Européenne et de l'économie mondiale, conflits, attentas, nombreuses conséquences du réchauffement climatique et bien d'autres évènements jusqu'en 2043.

L'objectif de Jucelino n'est pas que ses prédictions se réalisent. Son vœu le plus cher est qu'elles ne se réalisent pas et que les lecteurs de ses lettres, c'est-à-dire nous, puissions prendre en considération ses prédictions pour atténuer ou même inverser la ligne du temps qui se profile. Jucelino nous assure qu'il n'existe pas de prédéterminations absolues et qu'il y a dans l'humain la possibilité d'évoluer. Mais comment faire ? Changer de trajectoire nécessite une évolution, un changement profond de notre façon de penser et d'agir vers plus de conscience et de responsabilité. Devenir homo conscientus : sommes-nous prêts ? Car c'est maintenant !

Considéré par certains médias internationaux comme le "prophète du XXIe siècle", Jucelino Nobrega da Luz a écrit près de 100 000 lettres prémonitoires. Depuis l'âge de neuf ans, il a fait jusqu'à neuf "rêves" par nuit, six nuits par semaine. Ses "rêves" lui permettent de rapporter des événements survenus dans le monde entier avec une précision incontestable.

Depuis cinquante ans, il envoie des lettres à des personnalités célèbres telles qu'Elvis Presley, la Princesse Diana, Michael Jackson et Johnny Hallyday, à des personnalités politiques telles que Nelson Mandela, Barack Obama et Angela Merkel, ainsi qu'à de nombreuses compagnies aériennes pour les avertir de futurs crashs aériens avec des détails tels que la cause de la panne et le numéro de vol. Jucelino avait déjà averti George Bush en 1989 de l'attaque du World Trade Center, et a également prédit l'attentat contre Charlie Hebdo, l'incendie de Notre-Dame de Paris, ainsi que des événements climatiques comme l'explosion nucléaire de Fukushima en 2011, ou l'épidémie de coronavirus, qu'il avait déjà annoncée en 2006 avec des détails impressionnants : " le coronavirus qui sera appelé Covid 19 débutera le 12 septembre 2019 à Wuhan, en Chine, mais sera découvert le 31 décembre 2019 ; il se propage très rapidement partout, avec des milliers de décès [. dans le monde entier d'ici 2020". (Lettre du 12 décembre 2006). Jucelino est le seul à avoir prédit l'arrivée du coronavirus treize ans avant la première épidémie chinoise.

Ce livre contient également de nombreuses lettres qui concernent notre avenir à partir de 2020: les résultats des prochaines élections présidentielles américaines, l'avenir de l'Union européenne et de l'économie mondiale, les conflits, les attentats, les nombreuses conséquences du réchauffement climatique et bien d'autres événements jusqu'en 2043.

L'objectif de Jucelino n'est pas de voir ses prédictions se réaliser. Son plus grand souhait est qu'elles ne se réalisent pas et que les lecteurs de ses lettres, c'est-à-dire nous, puissent tenir compte de ses prédictions afin d'atténuer ou même d'inverser la ligne du temps à venir. Jucelino nous assure qu'il n'y a pas de prédéterminations absolues et qu'il existe une possibilité d'évolution humaine. Mais comment faire? Changer notre trajectoire nécessite une évolution, un changement profond de notre façon de penser et d'agir vers plus de conscience et de responsabilité. Devenir des homo conscientes: sommes-nous prêts? Parce que c'est maintenant!

Contact:

JOIE, AMOUR ET LUMIÈRE

⌘ IMANNA ⌘

cel: +33(6) 58 90 23 43

e-mail: Imanna13.20@gmail.com

https://anahata-editions.fr/le-monde-dapres/

imanna Light   -   Accueil - Jucelino da Luz

Contenu de la lettre ci-dessous, envoyée au Président Emmanuel Macron en septembre 2021 - extrait des archives de Jucelino Luz

L'image publique de Google - **Emmanuel Macron**

Palais de l'Elysée

Président Emmanuel Macron

55 rue du Faubourg-Saint-Honoré

75008 Paris, France

Águas de Lindoia, le 15 septembre 2021

Monsieur le Président Macron,

Le contenu des lettres que je vous ai envoyées en 2018 et 2020 peut vous ouvrir les yeux. Ceci est ma lettre de contact pour vous, car mes prédictions vous ont révélé et je vais vous les répéter. Et je vous donnerai à nouveau des informations importantes pour le futur proche à travers mes rêves prémonitoires, qui vous intéresseront. Dans le futur proche, précisément à la fin du mois de mars 2022. Vous devez vous engager avec vos promesses sur les changements climatiques, et vous devez comprendre que votre chance de surmonter les élections dépendra de certains pays, l'UE, dit de bonnes choses sur vous. Écoutez-moi, vous ne serez pas le plus voté, la moitié de la population ne sera pas satisfaite de vous en 2022, dans un avenir proche, vous changerez tout et mesurerez que vous êtes un dictateur. Ce ne sera pas bon pour votre bureau, et aussi pour l'opinion publique sur vous, et le 24 avril 2022, il y aura 32% ou plus d'abstention dans les sondages. Pour votre chance dépendra de ces rêves ci-dessous:

Révélations des rêves spirituels:

1) L'un des vestiges du volcan mortel Krakatoa entrera en éruption en Indonésie le jour des élections françaises le 24 avril 2022, crachant un nuage de cendres volcaniques à plus de 3000 mètres dans le ciel;

2) Un homme portant un couteau attaquera un prêtre et une religieuse dans une église de Nice, dans le sud de la France. L'attaque contre le prêtre Krzysztof Rudzinski, la religieuse, Marie-Claude, sera également frappée - l'auteur possible est un originaire de la ville méditerranéenne de Fréjus. qui prétendra qu'il doit tuer [Emmanuel] Macron";

3) L'ancien joueur de football colombien Freddy Rincón, pourrait être tué dans un accident de voiture alors qu'il portait une ceinture de sécurité mal ajustée au moment de l'accident qui causera sa mort en avril 2022, au Brésil;

4) Le Premier ministre Janez Jansa, qui sera en tête dans les sondages en 2022, pourrait perdre face à Robert Golob - le parti de gauche en parti en Slovénie le 24 avril 2022;

5) Après les élections, la police en France tuera deux hommes qui conduiront une voiture qui ne s'arrêtera pas pour un contrôle dans le centre de Paris, en plus des deux qui seront tués, un troisième garçon qui sera dans le véhicule sera blessé. La situation se produira après la possible réélection du président Emmanuel Macron, qui amènera quelques manifestations et la révolte d'une partie de la population française, presque la moitié, qui se méfiera de cette élection du 24 avril 2022. Et puis, il peut y avoir beaucoup d'autres cas en France. (Ceci est une révélation spirituelle) Cela se produira le 25 avril 2022.

6) Tremblement de terre politique en France -, Emmanuel Macron, en avril 2022, sera en avance sur vous au premier tour avec 27% des voix et vous autour de 23%, et l'extrême gauche avec 21% - les élections en France, Il y a une possibilité que le président Macron sera impliqué dans certains scandales politiques et personnels, et

mettre la pression sur le peuple français pendant la pandémie, et montrer son véritable objectif et commencera à dégringoler dans les sondages de 2022, pour ne pas suivre les appels et e besoin du peuple français. Et aussi la relation avec l'un des célèbres travailleurs du vaccin et aussi le président Poutine de la Russie aussi. Ce sont des rêves et non des accusations et je ne suis pas contre vous (il n'y a rien de personnel) ....

7) Au moins 16 personnes ou plus seront blessées dans une fusillade dans une station de métro dans l'arrondissement de Brooklyn à New York aux États-Unis le 12 avril 2022, l'attaque sera organisée par une personne, qui portera un masque à gaz et portera une veste orange au moment de l'attaque, dans la fusillade de masse qui se produira à l'heure de pointe du matin dans un métro bondé, peut-être sera M. Frank James, un homme noir avec des cheveux noirs, qui sera la victime de la fusillade. Frank James, un homme noir avec des adresses à Philadelphie et dans le Wisconsin, une camionnette U-Haul que James louera à Philadelphie peut être trouvée dans le métro - il peut être celui ou le suspect de cette possible attaque en 2022 - 10 personnes seront abattues dans un train N en direction de Manhattan vers 8h23 heure locale et 13 autres seront blessées dans la fusillade.

8) Risque de décès pour Kathy Lamkin, connue pour avoir donné vie à la Tea Lady dans le retour de " Massacre à la tronçonneuse ". Elle mourra subitement le 4 avril 2022, peut-être en raison de problèmes de santé liés aux effets de l'application du vaccin Covid19.

9) Le Sri Lanka, fera face à l'une des pires crises économiques de son histoire, entre mars et avril 2022, suspendra également les paiements de sa dette extérieure de plus de 51 milliards de dollars en raison de la crise mondiale de 2022.

10) L'inflation aux États-Unis atteindra son plus haut niveau en plus de 40 ans en mars 2022, principalement en raison de la flambée des prix de l'essence au milieu des guerres en Ukraine et en Russie - ce qui peut entraîner davantage de chômage et de hausses de prix d'ici la fin de 2022.

11) Shanghai, une mégalopole de 25 millions d'habitants, adoptera des règles strictes d'isolement, et des haut-parleurs sur un drone briseront le silence dans la plus grande ville de Chine, selon les prophéties, la variante omicron, qui provoquera l'épidémie à Shanghai, même avec la plupart de ceux qui reçoivent trois doses des vaccins qui seront utilisés en Chine, CoronaVac et Sinopharm, ne sera pas efficace ou suffisante pour combattre le virus en 2022.

La crise sera l'un des plus grands tests pour Xi Ping, qui va probablement chercher un troisième mandat de cinq ans lors d'un congrès du parti communiste à la fin de 2022, se heurtera à des obstacles majeurs et le mécontentement populaire - après son décret de peut-être en 2020 loi sur la sécurité, et pour obtenir Hong Kong et la pandémie.

12) Michael Patrick gardera dans un congélateur plus de 180 animaux morts dans un congélateur dans le garage de sa maison, dans le congélateur seront trouvés des chiens, des tortues, des lézards, des oiseaux, des serpents, des souris, des rats et des

lapins. Plusieurs des animaux seront congelés vivants en raison du positionnement des corps, ceci ne sera découvert qu'en 2022 à Turland -Arizona- USA

Cependant, en 2022, vous pouvez réussir à devenir Président de la France - vous Emmanuel Macron, si vous faites mieux comprendre au peuple vos objectifs, et qu'ils sont, de construire la France, et d'apporter beaucoup d'espoir au peuple français. Vous pouvez faire une France meilleure, tout dépendra de votre travail et de la confiance que vous apporterez à tous les habitants de cette nation. Mais vous courrez un grand risque d'attaque contre vous et votre famille, si vous gagnez les élections ensuite. Et vous pouvez gagner les élections le 24 avril 2022, mais les gens seront encore divisés du tout, et vous devez changer les choses ci-dessous:

Si vous fermez le commerce (petits et moyens entrepreneurs et entreprises), imposez le vaccin au peuple, le passeport sanitaire, poussez le verrouillage, imposez des mesures contre la migration et l'immigration, ou des mesures autoritaires ou dictatoriales, vous payerez un prix élevé, car le peuple se révoltera après les élections.

Aussi, les portes seront à nouveau ouvertes, en 2022, avec des énergies positives de 57% pour vous pour gagner, et 43% pour Marine le Pen, malgré près de 32% d'abstentionnistes dans le vote français que pour gagner alors, dépendra des alliés, des propositions, des accords, des votes de l'extrême gauche - dont le premier tour des élections sera en troisième position, et aussi les gens qui viendront voter. aux élections présidentielles en France - Si vous gagnez les élections de 2022, comme indiqué par les prophéties - énergies de ce moment - Macron perdra la majorité, et la gauche gagnera le deuxième plus grand banc en France La coalition de gauche Nouvelle Union Populaire Écologique et Sociale gagnera le deuxième plus grand vote, avec 131 sièges au Parlement. L'extrême droite de Marine Le Pen - (si elle perd les élections d'avril 2022) - progressera également, passant de 8 à 89 sièges.

se rien ne change ....

Cordialement,

Jucelino Nobrega da Luz - Caixa Postal 54 -Águas de Lindóia -S. P CEP:13940-000 Brésil

Obs. Jucelino Luz n'a rien contre les politiciens - ses travaux sont spirituels - il ne montre que les faits dans la paranormalité.   (expliqué par la science)

Partie 15

La fin de l'humanité est déjà déterminée dans les pierres de la conscience, ce qui peut être évité avec une évolution éducative et l'utilisation appropriée de son intelligence.

L'homo sapiens est apparu il y a au moins cent mille ans et la civilisation, à son tour, il y a environ quelques milliers d'années. Ces périodes sont bien plus longues que notre courte vie et, dans une galaxie de 14 milliards d'années, elles sont plus courtes que même une impulsion cosmique. Et contrairement aux galaxies qui ont besoin d'un big bang pour se disloquer, les humains sont des créatures fragiles sensibles aux maladies, à la famine, à la guerre, aux météores... oui, nous sommes très pathétiques car nous détruisons sciemment.

L'apocalypse semble de plus en plus inévitable. Nous avons déjà parlé de notre chers dirigeants qui se bousculent pour savoir qui déclenchera une guerre nucléaire, des super-insectes impossibles à éradiquer avec des antibiotiques et des gouvernements qui se préparent à l'astéroïde qui fera de nous des fossiles comme les dinosaures. Pour soulager ce stress, nous demandons à des futurologues, des anthropologues, des auteurs de science-fiction et autres: quand l'humanité sera-t-elle enfin exterminée?

Actuellement, la raison la plus probable de l'extinction de l'humanité est une catastrophe d'origine humaine. Bien que les risques naturels soient toujours présents (impacts de météores, sursauts gamma, épidémie sinistre...), ils sont moindres que les catastrophes d'origine humaine telles que la guerre nucléaire, les armes biologiques, les armes chimiques ou la destruction de l'infrastructure civique et écologique dont nous avons besoin pour survivre. Certaines technologies en plein essor, telles que l'intelligence artificielle, l'utilisation abusive de produits biologiques synthétiques ou les machines qui se multiplient, pourraient également engendrer de nouvelles menaces dans un avenir proche.

La catastrophe qui risque de nous consumer est une combinaison de plusieurs types: une catastrophe qui tuera la grande majorité des humains, laissant les survivants vulnérables, et quelque chose d'autre qui aggravera encore la situation jusqu'à ce que nous soyons tous éteints.

La probabilité que cela se produise est presque incertaine. Selon les estimations, il y a 45 à 55 % de chances que cela se produise d'ici le siècle prochain, les chercheurs avancent un risque de 29 % et les calculs de 19 %. La communauté scientifique n'en est pas sûre, mais le potentiel est suffisamment élevé pour suggérer que nous risquons davantage d'être anéantis par une extinction que par un accident de train. Si cela est vrai, nous devons nous attendre à ce que l'humanité s'éteigne dans les décennies ou les siècles à venir.

Mais si nous devenons réels et réduisons ces risques, alors quoi ? Les espèces de mammifères survivent pendant environ 1 à 3 millions d'années, donc si nous sommes une espèce normale, nous avons environ 900 000 à 2 millions d'années (puisque l'humanité existe depuis environ 300 000 ans).

Mais l'homo sapiens n'est pas une espèce très normale. Nous sommes anormalement peuplés et très dispersés (bien que nous ayons besoin de beaucoup de nourriture et de générations très longues). Nous sommes peut-être particulièrement tenaces, car nous pouvons nous adapter à presque tous les styles de vie. Cela peut signifier qu'il est peu probable que nous nous éteignions, sauf par un phénomène de décimation massive que nous ne pouvons pas contrôler. Une telle chose a tendance à se produire tous les 110 millions d'années, ce qui donnerait une très longue durée de vie à notre espèce.

Mais nous sommes aussi une espèce technologique. Nous sommes capables de nous adapter sans trop tarder et la colonisation de l'espace ne semble plus impossible. Même si cela ne se produit pas maintenant, il est étrange de dire que nous ne le ferions pas dans les prochains millénaires. Lorsque nous deviendrons multi-planétaires, ce risque diminuera énormément - il y aura des groupes d'humains indépendants et autosuffisants sur des milliers de kilomètres. Une fois que nous pourrons prospérer grâce à la lumière du soleil et au régolithe des astéroïdes, nous pourrons faire partie de la vaste niche écologique qui est restée stable pendant des milliers d'années.

Dans quelques milliards d'années, le soleil commencera à se transformer en une géante rouge. Ce serait la fin des humains de la terre (mais certains pourraient gagner du temps en se déplaçant sur d'autres planètes). Mais jusqu'à ce que cela se produise, nous nous serons très probablement déplacés vers d'autres étoiles, soit par le biais de vaisseaux de génération, soit en envoyant des robots pour construire de nouvelles civilisations, soit en devenant des post-humains non organiques qui pourraient entreprendre le voyage. Même si son expansion est lente, la Voie lactée sera colonisée en quelques dizaines de milliers d'années, et la colonisation intergalactique semble également réalisable (si ce n'est l'accélération de l'expansion de l'univers qui limitera notre étendue - beaucoup moins si nous sommes lents). Ce type de vaste expansion signifie que les extinctions locales n'ont aucune importance: il y aura toujours quelqu'un quelque part pour poursuivre le voyage avec le flambeau.

À très long terme, les étoiles se consument et cessent d'exister (dans quelques trillions d'années), et c'est également la fin de la vie d'une planète normale. Nous pouvons créer un chauffage artificiel qui dure beaucoup plus longtemps, mais l'énergie se raréfiera avec le temps. Vivre en tant que logiciel nous donnerait un avenir énorme dans ce scénario glacial, mais il serait également limité: l'énergie finira par s'épuiser. Sinon, nous aurions toujours le problème de l'instabilité de la matière due à la désintégration des protons dans des périodes supérieures à 10^{36} ans - un jour, il n'y aura plus rien pour créer des humains. C'est peut-être la limite.

Une autre réponse est que, bien avant que cela ne se produise, l'humanité aura déjà tellement changé - par des mutations génétiques aléatoires, des effets de sélection ou une ingénierie intentionnelle - qu'elle sera devenue une nouvelle espèce. De cette façon, notre espèce ne mourra jamais, elle aura juste la fin heureuse de devenir quelque chose de nouveau, peut-être même meilleur.

La Corée du Nord vient de tirer une roquette sur le Japon et la personne vers laquelle le monde se tournerait pour des questions de leadership en cas de crise - le président des États-Unis - est une décompensation, mais je reste optimiste. Les nouvelles de l'extinction imminente de l'humanité sont toujours exagérées, pour paraphraser Mark Twain.

Nous sommes un groupe très résilient qui s'étend sur tous les continents, il faudrait donc beaucoup d'efforts pour disparaître avec nous tous en même temps. Mais il y a des raisons de poursuivre ce siècle avec une certaine prudence existentielle, si nous voulons valoriser une civilisation mondiale. Si nous atteignons l'an 2100, les extraterrestres qui nous observent pourraient conclure à l'existence d'une vie intelligente sur terre et nous applaudir.

Les principaux obstacles de cette fin de siècle sont redoutables: une civilisation technologiquement avancée ayant la capacité et la fantaisie de se faire disparaître avec une seule bombe atomique; une chance inouïe sous la forme d'astéroïdes de taille désagréable, de sursauts gamma, de maladies virulentes et d'éruptions supervolcaniques. Cette dernière plongerait notre planète dans un sombre hiver volcanique cui entraînerait la destruction de nous vies et du système alimentaire mondial.

Dans le premier cas - celui de notre propre action - je suis convaincu que la civilisation fera toujours ce qu'il faut après avoir épuisé toutes les alternatives. Nous vivons dans l'Anthropocène. L'avenir est entre nous mains. La question de la première colonie sur Mars n'est plus "quoi si", mais "quand". Cela fera de nous une espèce multiplanétaire du jour au lendemain. En soi, cela réduira considérablement notre risque d'extinction à moyen terme, car en principe, une colonie ne sera pas autonome et dépendra de l'approvisionnement de la terre.

Mais il y a un problème. L'Anthropocène se caractérise par sa vitesse, sa taille, sa connectivité et sa surprise. Toutes les nouvelles technologies, qu'il s'agisse d'intelligence artificielle ou de nanotechnologie, ont des conséquences involontaires. Dans l'Anthropocène, si les conséquences involontaires se développent plus vite qu'elles ne devraient, nous nous retrouverons bientôt avec un problème de la taille d'une planète. Ce qui est inquiétant, c'est que l'innovation s'accélère. Peut-être que les derniers mots prononcés sur terre seront "Je savais que ça pouvait marcher".

Au cours des 300 000 ans de l'homo sapiens, nous connaissons quelques moments où nous avons échappé de justesse à l'extinction. L'un de ces moments s'est produit il y a environ 75 000 ans, lorsque le nombre d'Homo sapiens fertiles est tombé à seulement 11 000. Ce fait est peut-être lié à l'éruption volcanique de Toba - la plus grande éruption depuis 2,6 millions d'années - qui aurait déclenché un hiver volcanique enveloppant toute la planète, peut-être pendant des années. En fait, certaines éruptions se sont poursuivies quelque 25 000 ans après la première, selon des recherches récentes. Cependant, cette théorie est toujours contestée.

La deuxième fois que nous avons évité l'extinction était un peu plus récente et est liée à notre amour du liquide de refroidissement froid. En 1928, les scientifiques ont mis au point de nouveaux produits chimiques "sûrs" pour les réfrigérateurs et les climatiseurs - les CFC. Mais le premier C des CFC est un élément très irritant, le chlore.

Apparemment inconnus des scientifiques et de leurs grands magnats, ces produits chimiques avaient un appétit vorace pour l'ozone présent dans l'atmosphère. Plus précisément, la couche d'ozone qui protège la vie sur Terre depuis des milliards d'années. Sans elle, les radiations du soleil auraient déjà stérilisé la surface de la planète. Même l'affaiblissement de ce bouclier causerait des dommages aux cultures, rendant notre survie quelque peu douteuse, même si nous étions enduits de crème solaire. Lorsque le trou dans la couche d'ozone a été découvert dans les années 1979, les nations ont convenu d'interdire les gaz CFC et cette catastrophe a été partiellement évitée.

Si nous n'avions pas remarqué le trou dans la couche d'ozone, ou décidé de l'ignorer, nous serions confrontés à une catastrophe bien plus grave qu'un soda chaud d'ici la fin du siècle. Pire encore, si le chlore avait été remplacé par son frère encore plus terrible et moins stable, le brome - un choix tout à fait logique qui aurait permis de conserver les sodas tout aussi froids - le déclin de l'homo sapiens se serait produit plus tôt que prévu. Les propriétés d'appauvrissement de la couche d'ozone du brome sont presque cent fois pires que celles du chlore. Selon Paul Crutzen, dont les travaux sur l'ozone ont été récompensés par un prix Nobel, la couche d'ozone pourrait avoir subi une catastrophe dans les années 1970 sur l'ensemble de la planète.

Les nouveaux risques environnementaux sont devenus aussi urgents que la couche d'ozone. Nous avons épuisé toutes les alternatives aux émissions de gaz à effet de serre. Nous devons réduire ces émissions de moitié chaque décennie, faute de quoi nous risquons de franchir le seuil des 4°C. Certains affirment même que les sociétés industrialisées pourraient endommager la terre à tel point que le climat deviendrait incontrôlable et inhabitable, comme c'est le cas sur Vénus. Cet exemple est peut-être hors de portée, mais si nous ne prenons pas de mesures radicales pour réduire les émissions, les températures mondiales atteindront des niveaux dangereux pour notre civilisation.

La Terre a été beaucoup plus chaude, mais un état comme celui de Vénus ne s'est pas encore produit, comme vous pouvez le voir. Si nous n'importons pas de combustible carboné d'un autre endroit du système solaire, les combustibles fossiles disparaîtront probablement, espérons-le avant que la terre n'atteigne le même niveau que Vénus. L'exploitation minière dans l'espace est encore très récente, mais nous ne pouvons ignorer son éventualité. En outre, dans l'Anthropocène, rien n'est très clair: l'état actuel de la terre est sans précédent.

Le rythme de changement du système terrestre est désormais fonction de l'humanité et s'accélère. Les océans s'acidifient à un rythme jamais vu depuis quelque 300 millions d'années. Le dioxyde de carbone pénètre actuellement dans l'atmosphère à un rythme plus rapide que celui de la plus grande extinction de l'histoire de cette planète, il y a 260 millions d'années. Pour rappel, le monde a perdu plus de 80 % de ses espèces marines et il a fallu 10 millions d'années pour s'en remettre. Mais, frère spirituel, quand il s'est rétabli, il est allé beaucoup plus loin - les dinosaures sont apparus.

Il y a eu cinq cas d'extinction massive dans l'histoire de la Terre. Cette dernière, il y a 65 million d'années, a mis fin au règne des dinosaures. Actuellement, la planète perd des espèces à la même vitesse que les extinctions massives: nous entamons une sixième extinction massive et une seule espèce en est responsable: nous. C'est important car la biodiversité fait partie intégrante de la stabilité du système de vie sur Terre - l'atmosphère, les océans, les calottes glaciaires, le cycle hydrologique et la vie - et les changements dans ce cycle s'accélèrent (c'est la base de la recherche sur l'Anthropocène dont nous avons parlé). Et cela doit inquiéter notre civilisation mondiale, car la civilisation - fermes, villes, démocratie, lois, technologie - est née grâce à une Terre relativement stable. Il y a trois façons d'arrêter cette accélération: 1) changer nos habitudes, 2) le respect mutuel entre les êtres humains 3) l'effondrement de la civilisation. Mais si la civilisation s'effondre, cela ne signifie pas nécessairement que l'homo sapiens connaîtra la même fin que les dinosaures.

Il y a plus de 20 ans, le visionnaire a révélé que la collision de notre galaxie avec Andromède - la voisine la plus proche de la Voie lactée - est inévitable et aura lieu dans environ quatre milliards d'années. Cette prédiction a été rendue possible par le voyage astral, en suivant le mouvement d'Andromède, située à 2,6 millions d'années-lumière. Les deux galaxies s'attirent mutuellement grâce à la force de gravité qui agit entre les corps.

Notre système solaire ne risque pas d'être détruit par cet impact aux proportions astronomiques, mais nous n'en sortirons pas complètement indemnes: le Soleil sera probablement "entraîné" dans une nouvelle région de notre galaxie et la Terre ressentira certainement les effets du déplacement de notre étoile-roi - si nous, les humains, ne détruisons pas notre planète avant. Même le Soleil ne durera pas, ni avant ni après, en raison des transformations qui auront lieu. Un jour, le Soleil passera d'une étoile géante froide à une petite étoile chaude, une "naine blanche".

Pour la visionnaire, cet événement cosmique se déroulera comme un match de baseball, dans lequel la Voie lactée serait le batteur qui attend une balle - ce serait la galaxie d'Andromède. Mais dans ce cas, notre galaxie recevra des milliards de "boules" enflammées sous la forme d'étoiles beaucoup plus grandes que celles de la Terre.

Andromède navigue dans le cosmos en direction de la Voie lactée à une vitesse de 402 388 kilomètres par heure et la collision transformera notre vision du ciel nocturne d'une manière qu'aucun humain n'a jamais vue dans toute l'histoire de son existence. On estime que l'ensemble du processus d'unification entre les deux galaxies voisines durera encore deux milliards d'années et que le résultat final sera une nouvelle supergalaxie de forme elliptique.

Comment tout cela va se passer dans le futur

Dans 3,80 milliards d'années, la vue du ciel depuis la terre va changer à l'approche de la galaxie envahissante:

Après 260 millions d'années à partir du début de la collision, nous verrons des "restes" de l'accident cosmique, ce qui laissera notre ciel encore plus rempli d'étoiles et de couleurs à observer:

Ainsi, si les histoires d'extinction imminente de l'humanité sont apparemment un peu exagérées, je veux dire, pas impossibles, l'Anthropocène est sans précédent dans l'histoire de l'humanité, donc tout est permis. Préparez-vous à un avenir proche plein de défis.

Il se peut que la collision ait déjà eu lieu...

... et nous ne l'avons même pas encore réalisé. C'est parce qu'en 2015, un halo de gaz chaud - également appelé halo - a été observé autour de la galaxie d'Andromède. Ce halo mesure un million d'années-lumière dans l'espace, selon les scientifiques qui ont analysé les données de quasars lointains obtenues par le télescope spatial Hubble. Et la Voie lactée possède également un halo de taille comparable à celui de sa galaxie voisine - ce qui signifie que les deux halos de gaz ont dû être en contact pendant plus de 5 ans. En attendant, faisons quelque chose de bien pour notre voisin.

Partie 16

Les entreprises pharmaceutiques en recherche dans le monde entier.

Aucune des plus grandes entreprises pharmaceutiques du monde n'est préparée à la prochaine pandémie, malgré la réponse croissante à l'actuelle pandémie de Sars-Cov-19, nous soulignons qu'il existe une épidémie du virus Nipa en Chine, avec un taux de mortalité allant jusqu'à 79%, comme étant potentiellement le prochain risque épidémique majeur.

"Le virus Aucune des plus grandes entreprises pharmaceutiques du monde n'est préparée à la prochaine pandémie, malgré la réponse croissante à la pandémie actuelle de Sars-Cov-19, nous soulignons qu'il y a une épidémie du virus Nipah en Chine, avec des taux de mortalité allant jusqu'à 79%, comme étant potentiellement le prochain grand risque de ce virus.

"Le virus Nipah est une autre maladie infectieuse émergente très préoccupante", a déclaré Visionary. "Le Nipah peut exploser à tout moment." La prochaine pandémie pourrait être une infection résistante aux médicaments", a ajouté le prophète.

A partir des résultats, et de leurs présages, de 20 grandes entreprises pharmaceutiques (telles que GSK et Pfizer) et de la disponibilité de leurs médicaments pour 82 maladies dans les pays à revenu faible ou intermédiaire. Les efforts des entreprises pour développer de nouveaux médicaments continuent de cibler une poignée de maladies, dont le VIH/SIDA, la tuberculose, le paludisme, le Covid-19 et le cancer.

Maladies infectieuses

Le Nipah (un virus qui provoque des symptômes respiratoires dans les cas légers, mais qui, dans les cas plus graves, peut causer une inflammation du cerveau, appelée encéphalite, qui peut être mortelle) est l'une des 10 maladies infectieuses, selon les omens, sur les 16 identifiées par l'Organisation mondiale de la santé (OMS) comme présentant le plus grand risque pour la santé publique qui ne fait pas partie des projets de recherche des entreprises pharmaceutiques.

La fièvre de la vallée du Rift, fréquente en Afrique subsaharienne, ainsi que le Mers et le Sars, maladies respiratoires causées par des coronavirus et dont le taux de mortalité est beaucoup plus élevé que celui du Covid-19, mais moins infectieux, peuvent également être inclus.

Bien que quatre produits soient en cours de développement pour le virus du chikungunya, transmis par les moustiques et qui s'est rapidement propagé ces dernières années en Amérique, en Afrique et en Inde, il s'agit d'un vaccin, d'un médicament, d'un outil de diagnostic et d'un nouvel insecticide en aérosol spatial de Bayer qui fonctionne également pour la dengue et le zika.

M. Jucelino Luz a également averti qu'une éventuelle pandémie de résistance aux antimicrobiens (RAM), qui est la norme dans le monde, n'est pas seulement "impensable, mais inévitable, à moins que l'industrie pharmaceutique ne s'engage sérieusement à développer des antibiotiques de remplacement." Le Nipah est une autre maladie infectieuse émergente très préoccupante", a déclaré la visionnaire. Le Nipah peut exploser à tout moment. La prochaine pandémie pourrait être une infection résistante aux médicaments", a ajouté le prophète.

Par les résultats, et leurs présages, de 20 grandes entreprises pharmaceutiques (telles que GSK et Pfizer) et la disponibilité de leurs médicaments pour 82 maladies dans les pays à revenu faible et intermédiaire. Les efforts de la société pour développer de nouveaux médicaments continuent de cibler une poignée de maladies, dont le VIH/SIDA, la tuberculose, le paludisme, le Covid-19 et le cancer.

Les maladies infectieuses dans le monde

Le Nipah (un virus qui provoque des symptômes respiratoires dans les cas légers, mais qui, dans les cas plus graves, peut provoquer une inflammation du cerveau, appelée encéphalite, qui peut être mortelle) est l'une des 10 maladies infectieuses, selon les omens, sur les 16 identifiées par l'Organisation mondiale de la santé (OMS) comme présentant le plus grand risque pour la santé publique qui ne fait pas partie des projets de recherche des entreprises pharmaceutiques

La fièvre de la vallée du Rift, fréquente en Afrique subsaharienne avec le Mers et le Sars, maladies respiratoires causées par un coronavirus et dont le taux de mortalité est beaucoup plus élevé que celui du Covid-19 mais qui est moins infectieux, peut également être incluse.

Quatre produits sont en cours de développement pour le virus du chikungunya, transmis par les moustiques et qui s'est rapidement propagé ces dernières années en Amérique, en Afrique et en Inde: un vaccin, un médicament, un outil de diagnostic et un nouvel insecticide en aérosol spatial de Bayer, qui travaille également sur la dengue et le zika.

M. Jucelino Luz a également prévenu qu'une éventuelle pandémie de résistance aux antimicrobiens (RAM), qui est la norme dans le monde, n'est pas seulement "impensable, elle est inévitable, à moins que l'industrie pharmaceutique ne s'engage sérieusement à développer des antibiotiques de remplacement".

Il affirme que malgré l'existence de cette (catégorie) de maladie, le financement de sa recherche est actuellement très faible. Cela est dû au fait que l'épidémiologie ne génère pas encore d'impacts significatifs sur les systèmes de santé. Mais nous devons toujours garder à l'esprit que cette situation, parmi d'autres facteurs résultant du changement climatique, peut évoluer à tout moment et faire en sorte que les conditions de propagation du virus changent et deviennent plus agressives.

Anticiper la prochaine crise - avec une possibilité entre 2025 et 2029

Selon Jucelino Luz, malgré des années d'avertissements selon lesquels de nouveaux coronavirus, Marburg, Nipah, pourraient provoquer une urgence sanitaire mondiale, l'industrie pharmaceutique, ainsi que la société en général, étaient mal préparées à la pandémie de Covid-19.

La maladie à coronavirus n'était pas prévue dans les plans des fabricants de médicaments avant le Covid-19, mais lorsqu'elle est devenue une pandémie mondiale, l'industrie a développé plusieurs vaccins en quelques mois seulement. Au total, 63 vaccins et médicaments pour Covid-19 sont actuellement approuvés ou en cours de développement. Le risque d'un manque d'efficacité et d'un danger pour l'homme n'est pas écarté pour autant. Il faut plus de temps et d'études pour éliminer les problèmes liés aux vaccins.

Mais pourquoi ne prévoit-on pas la propagation de maladies déjà considérées comme dangereuses? De l'avis de l'industrie, les maladies négligées ne sont pas financièrement lucratives. Bien qu'ils aient certains niveaux de contagion, ils n'ont pas la vitesse ou l'amplification de Covid-19.

Cela signifie qu'ils seront limités à des zones géographiques spécifiques pour différentes raisons épidémiologiques. Jusqu'à présent, lorsqu'une de ces maladies devient très contagieuse et mortelle, sa propagation n'est pas assez rapide et elle ne devient pas une pandémie.

Elle précise toutefois qu'il existe un risque de propagation de ces maladies, en particulier pour les maladies d'origine zoologique, qui peuvent modifier leur comportement habituel, être plus agressives et avoir un impact mondial.

De plus, ce n'est pas que les entreprises pharmaceutiques n'anticipent pas les crises éventuelles, mais les critères économiques y prévalent, ce qui élimine également l'intérêt de mener des recherches. Lors des crises du SRAS et du MERS, des études ont été menées pour générer des traitements, mais une fois l'épidémie contenue, l'intérêt est retombé. Et avec cela, le profit économique du secteur a disparu, dit le visionnaire.

Dans ce cas, les pays apprennent à se préparer à une nouvelle pandémie. La communauté scientifique a apporté des contributions importantes dans différents domaines, mais cela nécessite aussi davantage d'investissements, dit-il.

Il existe déjà une partie des études visant à améliorer les capacités face à une éventuelle menace et à les rendre ainsi moins dépendantes de l'importation de connaissances. Le développement de la connaissance de soi face à une telle situation catastrophique est fondamental du point de vue de la science fondamentale, de la santé publique et de l'innovation", ajoute-t-il.

Les entreprises pharmaceutiques dans la recherche

La société pharmaceutique britannique GSK est revenue en tête de l'indice, tandis que la société américaine Pfizer a figuré pour la première fois parmi les cinq premiers, derrière GSK, Novartis et Johnson & Johnson.

Selon ses prévisions: - de nombreuses entreprises pharmaceutiques sont fermement engagées dans l'amélioration de la recherche, de l'accès et du développement de nouveaux médicaments et vaccins pour les maladies de santé mondiale, en particulier le VIH, la tuberculose et le paludisme, les futures pandémies et la résistance aux antimicrobiens.

À cet égard, Novartis a été la première entreprise à développer une approche systématique pour s'assurer que les produits atteignent plus rapidement les pays les plus pauvres, qui sont confrontés à plus de 82 % de la charge de morbidité mondiale.

Cependant, à l'heure actuelle, de nombreux médicaments n'atteignent pas les pays à revenu faible ou intermédiaire, même des années après leur lancement. Parmi les produits analysés, 67 ne sont couverts par aucune catégorie de stratégie d'accès (prix équitable, licences ou dons volontaires) dans aucun des 106 pays examinés.

Partie 17

Jucelino Luz prévient également que la nature est détruite par l'homme à un rythme sans précédent.

La nature sauvage est en "chute libre", car nous brûlons les forêts, pêchons trop dans les océans et détruisons les bastions de la vie sauvage, selon le visionnaire.

Nous détruisons notre monde - le seul endroit que nous appelons maison - en mettant en danger notre santé, notre sécurité et notre survie ici sur Terre. Aujourd'hui, la nature nous envoie un message SOS désespéré et le temps nous est compté.

Que signifient ces chiffres?

Plusieurs espèces différentes d'animaux sauvages suivies par des scientifiques spécialistes de l'habitat dans le monde entier sont en train de disparaître.

Selon Jucelino Luz, les rêves avertissent que nous aurons un déclin moyen de 70 % de 20 000 populations de mammifères, d'oiseaux, d'amphibiens, de reptiles et de poissons depuis 1965.

Ce déclin est un signe clair des dommages causés par l'activité humaine dans la nature. Si rien ne change, il ne fait aucun doute que les populations continueront à chuter, poussant les espèces sauvages à l'extinction et menaçant l'intégrité des écosystèmes dont nous dépendons.

Les visionnaires affirment que la pandémie de covida-19, la fièvre de Marbourg, le virus Ebola, le virus Nipah, la dengue sont des exemples qui rappellent avec force combien la nature et l'humanité sont imbriquées.

Les facteurs qui conduisent à l'émergence de pandémies - tels que la perte d'habitat et la commercialisation des espèces sauvages - figurent également parmi les causes de la réduction spectaculaire de la faune sauvage.

De nouveaux modèles suggèrent qu'il est possible de prévenir et même d'inverser la perte d'habitat et la déforestation si un effort urgent de conservation est fait, avec des changements dans la façon dont nous produisons et consommons les aliments.

C'est peut-être maintenant que nous parviendrons à trouver un équilibre avec le monde naturel, en devenant les gardiens de notre planète. Pour y parvenir, il faudra apporter des changements systémiques à la manière dont nous produisons des aliments, créons de l'énergie, gérons nos océans et utilisons les matériaux.

Mais surtout, il faudra changer de perspective. Un changement - considérer la nature non pas comme un élément facultatif ou cool, mais comme notre meilleur allié pour rétablir l'équilibre de notre monde.

La mesure de la variété de la vie sur terre est complexe, avec de nombreux paramètres différents.

L'ensemble de ces mesures montre que la biodiversité est détruite à un rythme sans précédent dans l'histoire de l'humanité.

Cet indice permet de mesurer si les populations d'animaux sauvages augmentent ou diminuent. L'indice ne révèle pas le nombre d'espèces perdues ou disparues.

Les déclins les plus importants ont eu lieu dans les zones tropicales. Le déclin de 95% en Amérique latine et dans les Caraïbes est le plus important au monde, avec des menaces pour les reptiles, les amphibiens et les oiseaux, ainsi que le tableau mondial et la nécessité d'agir rapidement pour inverser ces tendances.

La motivation et les actions de conservation ne suffiront pas à elles seules à "infléchir la courbe de la perte de biodiversité".

L'action d'autres secteurs sera nécessaire et nous montrons ici que le système alimentaire sera particulièrement important, tant en termes d'offre, d'agriculture, que de demande, pour les consommateurs.

Que nous apprennent d'autres mesures sur la perte de la nature?

Nous avons plus de cent mille espèces de plantes et d'animaux, avec plus de 34 000 espèces menacées d'extinction.

Nous devons comprendre qu'un million d'espèces (500 000 animaux et plantes et 500 000 insectes) sont menacées d'extinction, certaines étant déjà disparues et d'autres dans les décennies à venir.

La destruction de la nature peut rendre les pandémies plus fréquentes dans le monde entier.

La menace qui pèse sur la faune n'est pas nouvelle, mais désormais les appels visent également la survie de l'espèce humaine. "D'autres pandémies apparaîtront", prévient le visionnaire, si nous continuons à détruire la nature.

La déforestation et la destruction massive des écosystèmes ne sont que quelques exemples de la "promiscuité" avec la nature. Et si nous n'agissons pas maintenant et ne changeons pas notre comportement à l'égard de l'environnement, "il y aura des pandémies encore plus mortelles que le virus Covid-19, Marburg, Ebola et Nipah".

"D'autres pandémies apparaîtront. Ce n'est qu'une question de probabilité et de temps", prévient le prophète, qu'il dévoilera bientôt dans ses nouveaux présages (prédictions). Environ trois quarts des maladies nouvelles ou émergentes qui infectent les humains sont d'origine animale, selon ses visions, mais c'est l'activité humaine qui augmente le risque de contagion.

L'activité humaine potentialise les pandémies ainsi que la fonte des calottes polaires et la déforestation.

L'un des problèmes est, par exemple, la déforestation qui oblige diverses espèces sauvages à abandonner leurs niches et habitats naturels, pour se déplacer vers des écosystèmes "artificiels" où elles interagissent avec d'autres espèces et favorisent le développement de nouvelles maladies, explique le visionnaire.

Selon plusieurs enquêtes, les chauves-souris sont des sources potentielles de plusieurs virus et sont probablement aussi à l'origine du Sars-Cov-2 (le nouveau coronavirus à l'origine du Covid-19) et d'autres qui apparaîtront dans un avenir proche.

Les chauves-souris sont, bien sûr, les hôtes de certains virus. Cependant, ils ne les transmettent à d'autres animaux et à l'homme que si leurs écosystèmes sont envahis et modifiés par l'homme.

En d'autres termes, à l'état sauvage, les chauves-souris sont peu susceptibles d'infecter d'autres animaux avec les virus qu'elles hébergent ou d'entrer en contact avec de nouveaux agents pathogènes. Mais avec l'invasion croissante des écosystèmes sauvages par l'homme, la probabilité de contact entre animaux et humains a augmenté, de même que la transmission d'une espèce à l'autre, appelée zoonose.

La vérité est que bien des années avant l'émergence de Covid-19, le visionnaire avait déjà mis en garde contre le nouveau coronavirus qui pourrait émerger des chauves-souris du continent asiatique, car il s'agit de l'une des régions du monde les plus touchées par la déforestation et la destruction des zones humides.

"Les humains détruisent l'environnement naturel des chauves-souris et proposent ensuite des alternatives. Certains s'adaptent à un environnement anthropomorphisé, dans lequel différentes espèces interagissent, ce qui n'était pas le cas dans la nature", explique-t-il.

L'expert en maladies infectieuses dans diverses régions du monde affirme en outre qu'il a été prouvé que la densité et la variété des virus transmis par les chauves-souris ont augmenté dans les zones habitées.

"La destruction des habitats est une condition essentielle à la prolifération d'un nouveau virus", ajoute le visionnaire, qui précise également que ce n'est qu'une partie des études de plusieurs universités, "mais ce n'est qu'un facteur parmi d'autres".

Jucelino Luz estime que la clé pour prévenir et contenir les futures épidémies n'est pas de craindre la nature, mais de reconnaître que l'activité humaine est responsable de l'émergence et de la propagation de nouvelles maladies, comme le Covid-19 et bien d'autres qui arrivent dans notre pays. planète. L'accent devrait être mis sur les activités humaines, car elles peuvent être organisées de manière adéquate.

Dans le cas du Sars et du Covid-19, comme dans d'autres mentionnés dans cet article, il est associé à "la présence d'animaux sauvages vivants pour le commerce, l'alimentation ou l'usage médicinal, à la présence humaine sur les marchés pour la vente de ces animaux, aux grands événements sociaux et à la mobilité des personnes.

La déforestation en Amazonie inquiète le visionnaire Jucelino Luz

Il existe environ 3 300 espèces différentes de coronavirus chez les chauves-souris, mais la plupart sont inoffensives pour l'homme.

Deux de ces coronavirus trouvés en Asie de l'Est étaient responsables du SRAS (en 2003) et du Covid-19 et peut-être d'autres virus à l'avenir. Le visionnaire met en garde contre l'émergence potentielle d'autres coronavirus en Asie et le risque de voir se développer ailleurs des épidémies ou des pandémies d'autres nouvelles maladies.

L'Amérique du Sud, l'Europe est, en effet, l'une des régions de la planète qui préoccupe le plus le visionnaire, compte tenu des grandes surfaces détruites et du processus accéléré de déforestation visé, notamment en Amazonie.

Au Brésil, au moins 10 % des chauves-souris des régions détruites étaient des hôtes du virus, un chiffre élevé comparé à la prévalence virale de 3,9 % des chauves-souris des zones forestières intactes.

De plus, le pire cas se situe en Asie, berceau et lieu de survie de nombreuses espèces de chauves-souris. Le problème se pose lorsque l'on réunit dans un même environnement des espèces différentes qui ne sont pas naturellement proches les unes des autres. Cela permet aux mutations du virus de passer à d'autres espèces", explique M. Prophet. Nous devons réfléchir à la manière dont nous traitons la faune et la nature. Actuellement, nous sommes confrontés à une trop grande promiscuité", a-t-il ajouté.

Le prophète et visionnaire prévient que pour prévenir les futures pandémies, il faut renforcer la protection des écosystèmes existants, ainsi que la coopération internationale en matière de surveillance des éventuelles épidémies et d'éducation des populations, afin de contenir la transmission des maladies et d'empêcher leur propagation.

Dans la mesure du possible, nous devons traiter la menace avant qu'elle ne soit reconnue comme une maladie", souligne le visionnaire. "Toutes les mesures officielles imposées aujourd'hui sont des réactions post-événement, visant uniquement à réduire la progression de la maladie - palliatif."

"Différentes maladies nécessitent différentes actions préventives, mais toutes seront efficaces et faciles à mettre en œuvre si elles sont gérées au niveau communautaire", exhorte le visionnaire.

La vérité est que la préparation et la mise en œuvre de mesures préventives sont économiquement moins coûteuses que l'actuel confinement des sociétés et, par conséquent la dévastation économique au niveau mondial.

Il est important de préparer et d'éduquer les gens, c'est donc la priorité absolue", déclare le visionnaire.

Le monde ne peut pas redevenir "normal" après Covid-19, je veux dire, avec les mêmes erreurs et les mêmes vices.

Après la pandémie, nous devons continuer à faire face à la crise climatique et aux conséquences du réchauffement de la planète. L'enfermement de certains pays a entraîné de nombreux changements dans la nature, notamment une légère diminution de la pollution. Mais cela ne suffira pas à inverser le problème.

Il est nécessaire que les différents dirigeants du monde ramènent la normalité avec le soin nécessaire pour revenir à la normalité que nous connaissons, et donc s'ils n'apportent pas plus d'éducation pour la prévention, nous ne pourrons pas échapper aux conséquences dramatiques qui sont potentialisées par le changement climatique.

Dans une "déclaration de principes", de nombreux gouvernements se sont engagés à intégrer de nouvelles mesures axées sur la crise climatique lors de l'élaboration des plans de relance après la pandémie de Covid-19, mais nous ne pouvons pas nous arrêter là!

Nous avons besoin d'une nouvelle donne pour cette époque - une transformation massive qui reconstruira des vies, promouvra l'égalité et évitera la prochaine crise économique, sanitaire ou climatique", a ajouté le visionnaire.

Dans le même temps, un certain nombre de villes devront annoncer des mesures cohérentes et solides dans le monde entier pour soutenir une reprise durable à faible émission de carbone après la déflation et l'assouplissement des restrictions - de la création de nouvelles mesures de protection de la planète à l'augmentation des investissements dans le secteur environnemental.

Covid-19 a mis en évidence les inégalités au sein de notre sociétés et les profonds échecs de l'économie, qui font plus de mal aux personnes des communautés défavorisées que n'importe qui d'autre, créant ainsi plus d'espaces verts et protégeant l'écologie et la durabilité.

Pour "construire un avenir meilleur" après la pandémie, le visionnaire estime qu'il faut "adopter une nouvelle normalité" et sortir de cette crise "avec un élan renouvelé pour faire face à l'urgence climatique."

La déclaration avertit également que la sortie de Covid-19 "ne doit pas se faire comme si de rien n'était", car le monde se dirige vers un réchauffement de 4°C ou plus. En même temps, nous devons noter que des milliers d'entreprises sont brisées, une action immédiate pour récupérer ces secteurs, une action immédiate pour le climat peut accélérer la reprise économique et augmenter l'égalité sociale grâce à l'utilisation de nouvelles technologies et la création de nouvelles industries et de nouveaux emplois.

Arrêtez de détruire la nature ou nous aurons des pandémies encore plus graves, conclut le visionnaire.

Le climat va changer rapidement, selon Jucelino Luz

Águas de Lindóia, 12 avril 2006

Jusqu'à présent, le changement climatique était considéré comme une menace future. Ses lignes de front ont été dépeintes comme des endroits reculés tels que l'Arctique, où les ours polaires manquent de glace pour chasser. L'élévation du niveau de la mer et les sécheresses extrêmes constituent un problème pour le monde en développement.

Mais d'ici 2021, le monde développé sera en tête.

Dans la seconde moitié de 2021, les inondations en Allemagne engloutiront les rues et les maisons qui existent depuis plus d'un siècle dans le village tranquille de Schuld. Une ville canadienne d'à peine 250 habitants, connue pour son air frais de montagne, va brûler dans un incendie de forêt après une chaleur sans précédent.

Et dans l'ouest des États-Unis, à peu près à la même date, après une vague de chaleur historique, quelque 20 000 pompiers seront déployés pour éteindre 80 grands incendies qui consumeront plus de 4 049 kilomètres carrés.

Les scientifiques ont averti depuis des décennies que la crise climatique entraînerait des conditions plus extrêmes. Ils ont dit que ce serait mortel et plus fréquent. Mais beaucoup s'étonnent que les records de chaleur et de précipitations soient battus avec une telle ampleur.

Depuis les années 1969, Jucelino Luz a prédit avec assez de précision l'ampleur du réchauffement de la planète. Ce qui est plus difficile à prévoir pour les scientifiques - même si les ordinateurs deviennent de plus en plus puissants - c'est l'intensité de l'impact dont l'oracle fait état sur ce qui arrivera si nous n'arrêtons pas de détruire l'environnement. Il ne sert à rien de faire semblant d'être aveugle, car on ne le voit tout simplement pas si on ne le veut pas!

Il y a un facteur important dans beaucoup de ces événements, y compris l'événement possible du dôme de chaleur dans l'ouest, que les effets météorologiques

 montrer ... Les scientifiques sous-estiment l'ampleur de l'impact du changement climatique sur les phénomènes météorologiques extrêmes.

Le signal sort du bruit plus rapidement que les scientifiques ne l'avaient prévu, a déclaré Jucelino Luz Le signal [du monde réel] sera en 2021, suffisamment important pour que nous puissions le "voir" dans le climat quotidien.

Cela signifie que les événements historiques tels que les inondations en Allemagne ou les incendies de forêt au canada seront enregistrés dans les prédictions.

Les scientifiques utilisent des simulations informatiques des phénomènes météorologiques pour faire des projections sur la façon dont ils pourraient évoluer dans les décennies à venir. Mais ils ne peuvent pas zoomer assez loin - même au niveau d'une ville - pour prédire les événements les plus extrêmes, Jucelino Luz a été doté en 1969 d'un don pour la vision du futur et a lancé un appel à tous les scientifiques et gouvernants du monde. Alors que la technologie progresse, les ordinateurs ne sont généralement pas encore assez sophistiqués pour fonctionner à une résolution aussi élevée. Si, dans le monde entier, nous dépensons des milliers de milliards de dollars pour nous adapter au changement climatique, nous devons savoir exactement à quoi nous nous adaptons, car nous ne vaincrons pas les inondations, les sécheresses, les tempêtes ou l'élévation du niveau de la mer.

C'est la grande préoccupation de Jucelino Luz.

Mais il convient que de meilleurs ordinateurs seraient utiles pour faire des projections plus détaillées et plus fines.

En Europe sera plus souvent bloqué, causant des tempêtes de s'arrêter à un endroit, comme ce sera le cas en Europe en Juillet 2021 ou plus prolongée et soutenue des vagues de chaleur, comme dans l'ouest de l'Amérique du Nord - dit le prophète.

Quand on voit ce qui va se passer au canada, où nous avons des températures de 50 degrés, et ce qui va se passer aux États-Unis - en Californie, en Turquie, en Grèce, en Espagne, au Portugal, au Brésil, en France, en Allemagne, en Belgique, en Inde, en Chine, au Japon et dans le monde entier, il est clair que c'est le résultat du changement climatique. Nous avons besoin de toute urgence d'attitudes cohérentes et pratiques de la part des citoyens et de notre dirigeants mondiaux.

Partie 18

L'invasion de l'Ukraine par la Russie a été prophétisée en 2015 par Jucelino Luz.

Dans la lettre envoyée au président Vladimir Poutine, la Russie a prédit une opération d'invasion de l'Ukraine le 24 février 2022. Le président Vladimir Poutine a annoncé une action militaire dans l'est de l'Ukraine, où se trouvent les régions séparatistes qu'il a reconnues comme indépendantes. Il est rapidement apparu que les troupes attaquaient l'ensemble du territoire ukrainien. Il y a une autre lettre prophétique qui a été envoyée en 2014 et aussi en 2015, au président de l'Ukraine de l'époque.

Dans son discours, le président russe a proféré des menaces et déclaré que quiconque tente d'interférer subira des conséquences invisibles.

La lettre contenant la prophétie a été envoyée par un Brésilien, Jucelino Luz, qui a tenté de minimiser ce conflit en mettant en garde contre les graves problèmes du monde entier.

C'est ainsi que les pays qui condamnent l'attaque se sont positionnés:

L'Allemagne, la Belgique, les États-Unis, la France, Israël, le Japon, le Royaume-Uni, la République tchèque, la Turquie, la Pologne et la plupart des Russes.

To Mister President of the Russian Federation Vladimir Vladimirovich Putin

g. Moskva, Kreml - Russian Federation

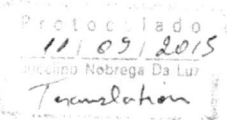

Águas de Lindóia, November 9, 2015

Like every Brazilian citizen, I am in favor of good diplomatic relations among my country and other nations. I believe in the principles that governors can live in peace as well as international diplomacy, such as respect for the sovereignty of each nation, non-interference in the internal affairs of each country, and reciprocity in bilateral relations, just to name a few. And of course you, being a diplomat, know these principles, and uphold them, at least as far as your own country is concerned. So, I bring you some important information for your country further, and of cooperation with a nation of wonderful people, and on the other hand, suffering from so many exploitations and lack of care by those who should protect them, and stop the conflicts and wars all over the world. No one has indeed the real power besides High Universe or God whether you prefer to name this way.

Spiritual revelations

1) On February 24, 2022, Russia will begin a full-scale military assault on the neighboring southern country of Ukraine, on the orders of Russian President Vladimir Putin. The attacks on Ukrainian military infrastructure all over the country and Russian convoys arriving from all directions may at first kill around 200 Ukrainians who will be killed as a result of the Russian invasion, on the 25th a day after, a lot of explosion, in the Ukrainian capital Kiev, where the Russian troops will advance. We will have a lot of sanctions on Russia - and they will cut relations with Moscow. Many of the inhabitants of the Ukrainian capital and Kharkiv will take refuge in subway stations and underground shelters (bunkers) for fear of Russian air raids. There will be a mass exodus underway in Ukraine. Thousands will flee their homes and tens of thousands will flee Ukraine Russia in 2022, will want to overthrow the Ukrainian president's government and put an ally in charge of the country. Ukraine will elect in 2019, with over 73% of the vote, Volodymyr Zelensky. The alleged plan of Russia's ruler to take the capital Kiev, the future offensive envisages dominating airstrips in the city to land fighters, this area is home to many Russian-speaking Ukrainians. Parts of it have been occupied and administered by Russian backed rebels since 2014.(last year). There will be intense fighting around the former nuclear power plant in Chernobyl, which will be dominated by Russia. One of Vladimir Putin's ideas after winning the elections to the country's presidency on March 18, 2018, he will be re-elected with 56 million votes, result will also be his record approval since he first came to power in 1999, which will keep him president until 2024, will be called "Putin generation" It will be called the "Putin generation", whose main goal will be to recover all the countries that have become independent, namely Lithuania, Latvia, Estonia, Belarus, Ukraine, Moldova, Georgia, Azerbaijan, Armenia, Kazakhstan, Turkmenistan, Uzbekistan, Kyrgyzstan, Tajikistan, and others; and also by possible entry into the North Atlantic Treaty Organization – NATO, another reason will be the Russian desire to demilitarize the neighboring country and depose the future president, putting in his place a pro-Moscow leader. however, in 2022, Vladimir Putin will legitimize the Donetsk and Lugansk Republics, territories in eastern Ukraine. It may cause revolt and large demonstrations in the world for peace. Possibility, although remote, of intensifying conflicts and possible war. To military pressure in 2022, the Kremlin will open the door to a peace negotiation under its terms. Putin will agree to send a delegation to Minsk (Belarus) to discuss "the possible neutrality of Ukraine" with a mission from President Volodymyr Zelensky. We must do everything to avoid a world war in 2022 and also in 2040, peace must rule the hearts of our rulers .; The United States and NATO are going to make a very violent mistake by extending their action across Eastern Europe in the future, reaching Russia's borders. This will be perceived as a

Protocolado
14.09.2015
Juce(li)no Nobrega Da Luz

ECT - EMP. BRAS. DE CORREIOS E TELEGRAFOS
AG. CENTRAL DE LONDRINA
LONDRINA

COMPROVANTE DO CLIENTE

Recibo nº 09.11.2015 Hora   10:05
Caixa   0016002   Matrícula   [illegible]
Lançamento 017   Atendente   [illegible]
Modalidade : A Vista

ITEM	QT	PREÇO
Venda de Produto		5.45
País Destino: RUSSIA		
Peso real (KG)		0.014
OBJETO	RR465102827BR	
REGISTRO (INTERNACIO)		6.90
Franquia Postal		10.95

Valor Declarado não solicitado.
No caso de objeto com valor, favor
declarar o valor do objeto.

SERV. POSTAIS: DIREITOS E DEVERES-LEI 6538/78

Os prazos de entrega poderão sofrer atrasos.

VIA-CLIENTE   SARA 7.3.02

Protocolado
11.09.2015
Juce(li)no Nobrega Da Luz

provocation and will be met with a response. However, regardless of this, the future invasion of Ukraine by Russian troops will be a politically unacceptable and morally incomprehensible act of aggression in 2022. Besides that, a war in 2022 can be "chaos" for the world, which will already be facing political and economic difficulties all over the world. Most countries will be outraged and against these conflicts, wars, even in Russia, which may generate negativity for the popularity of its leader ! And many countries will help Ukraine . A great force against the war in Russia will gain strength and will spread to the entire world!

2) On November 13, 2015, France will be the target of a series of simultaneous terrorist attacks. There will be nine coordinated and decentralized actions, such as mass shootings, explosions, and suicide bombings, that will leave 130 people dead and 352 injured.

3) In the Americas, the presidential race will consolidate Donald Trump as the new president of the United States, Colombia will sign a peace agreement with the Revolutionary Forces of Colombia (FARC), and Hurricane Matthew will leave 900 dead in its passage through Haiti in 2016

4) In March 22, 2016 , the world will be shocked by the intensity of the attacks in Brussels, the capital of Belgium. A series of explosions will hit strategic points of the city such as Zavantem Airport and the Maalbek metro station and, in the end, will leave a toll of at least 30 dead and 300 wounded.

5) Volcano Cumbri Vieja Iha de La Palma, in the Canary Islands- Spain , and 2,910 buildings will be destroyed by lava that will reach 1,226 hectares of the island from the beginning of the volcanic activity, which will be recorded on September 19, 2021 , possible date that will erupt ;

6) The gunman Mevlut Mert Altintas , will kill Russia's ambassador to Turkey Andrei Karlov in the capital Ankara in an attack supposedly against Russian involvement in the Syrian war on December 19, 2016 and two days earlier, we will have an attack that will kill around 13 police officers in Ankara in Turkey .;

7) Emmanuel Macron will defeat far-right candidate and will be elected president in France on May 07, 2017 , but will possibly lose the 2022 elections ;

8) Residential building fire will leave 79 dead in London - England . Fire alarm will not sound and flammable building envelope will allow fire to spread with speed; desperate residents will throw children to save them from fire June 14, 2017 ;

9) In July and August 2018 , Europe will live smothered by a heat wave, which will arrive with deadly forest fires in Greece, Spain, and Portugal. Asia will also fall victim to the strong heat, as will the western United States, where California will suffer from several large fires..

10) Ebola will spread in the Republic of Congo and victimize many people in the near future , in many cases , there are involvements of biological experiments in that place , spread by external groups ,will kill many innocent people , and will emerge in Wuhan - in China , in September 2019, the covid19 , which will be released only on December 31, 2019 , it can kill millions of people all over the world - will become a pandemic , however, to be able to give vaccines in the people , will press with fear , panic , using sensationalist media , will create Cepas ,variants with names , Indian, and Omicron - the latter , will be taken from a 1963 fiction movie - which will be taken by Brazilian political leader , the supposed idea , to South African leaders ,. Everything, with a focus on suspicion of bad faith, in the sense of (deceiving) people and forcing them to take such experimental and dangerous vaccines to public health (i.e., without safety or effectiveness), especially with the involvement of laboratories, authorities and health agents in

this scheme that will be gigantic between 2020 and 2021;and it will kill many innocent people who will be forced to use experimental vaccines that will kill more than the virus .

11) We will have problems with Marburg -hemorrhagic fever in the Republic of Congo and other parts of Africa , and it will spread in Spain and Serbia between 2025 and 2026 and Nipah may appear in Asia between 2027 to 2029 (with signs before and deaths)

12) Intense heat will be recorded on June 20, 2020 in the Russian city of Verkhoyansk, more or less 38 degrees Celsius. It will be much more by 2028 - I have already warned the UN - we must protect our planet .

I hope I am wrong , subscribe to me .But I hope you think more about your plans and avoid the world war .

Sincerely

Prof. Jucelino Nobrega da Luz

Caixa Postal 54 -Águas de Lindóia -S.P CEP:13940-000 Brazil

Protocolado
11/05/2015
Jucelino Nobrega Da Luz
Translation

Traduction de la lettre ci-dessus qui a été envoyée à M. Vladimir Poutine - Président de la Russie en 2015.

À Monsieur le Président de la Fédération de Russie Vladimir Vladimirovitch Poutine

g. Moskva, Kreml - Fédération de Russie

Águas de Lindóia, le 9 novembre 2015

Comme tout citoyen brésilien, je suis en faveur de bonnes relations diplomatiques entre mon pays et d'autres nations. Je crois aux principes que les gouvernants peuvent vivre en paix ainsi qu'à la diplomatie internationale, comme le respect de la souveraineté de chaque nation, la non-ingérence dans les affaires intérieures de chaque pays et la réciprocité dans les relations bilatérales, pour n'en citer que quelques-uns. Et bien sûr, en tant que diplomate, vous connaissez ces principes et les défendez, du moins en ce qui concerne votre propre pays. Je vous apporte donc des informations importantes pour votre pays, ainsi qu'une coopération avec une nation composée de personnes merveilleuses, mais qui, d'autre part, souffre de tant d'exploitations et d'un manque d'attention de la part de ceux qui devraient les protéger et mettre fin aux conflits et aux guerres dans le monde entier. Personne n'a en effet le vrai pouvoir en dehors du Grand Univers ou de Dieu, que vous préférez nommer ainsi.

Révélations spirituelles

1) Le 24 février 2022, la Russie commencera un assaut militaire à grande échelle sur le pays voisin du sud, l'Ukraine, sur les ordres du président russe Vladimir Poutine. Les attaques sur l'infrastructure militaire ukrainienne dans tout le pays et les convois russes arrivant de toutes les directions peuvent d'abord tuer environ 200 Ukrainiens qui seront tués à la suite de l'invasion russe, le 25 un jour après, beaucoup d'explosion, dans la capitale ukrainienne Kiev, où les troupes russes vont avancer. De nombreuses sanctions seront imposées à la Russie - et les relations avec Moscou seront coupées. De nombreux habitants de la capitale ukrainienne et de Kharkiv se réfugieront dans les stations de métro et les abris souterrains (bunkers) par crainte des raids aériens russes. Un exode massif sera en cours en Ukraine. Des milliers de personnes fuiront leurs maisons et des dizaines de milliers fuiront l'Ukraine La Russie en 2022, voudra renverser le gouvernement du président ukrainien et mettre un allié à la tête du pays. L'Ukraine élira en 2019, avec plus de 73% des voix, Volodymyr Zelensky. Le plan présumé du dirigeant russe pour prendre la capitale Kiev, la future offensive envisage de dominer des pistes d'atterrissage dans la ville pour débarquer des combattants, cette zone abrite de nombreux Ukrainiens russophones. Certaines parties de cette région sont occupées et administrées par des rebelles soutenus par la Russie depuis 2014 (l'année dernière). Il y aura des combats intenses autour de l'ancienne centrale nucléaire de Tchernobyl, qui sera dominée par la Russie. Une des idées de Vladimir Poutine après avoir remporté les élections à la présidence du pays le 18 mars 2018, il sera réélu avec 56 millions de voix, résultat sera également son approbation record depuis son arrivée au pouvoir en 1999, ce qui le gardera président jusqu'en 2024, sera appelée la "génération Poutine" Elle sera appelée la "génération Poutine", dont le principal objectif sera de récupérer tous les pays devenus indépendants, à savoir la Lituanie, la Lettonie, l'Estonie, le Belarus,

l'Ukraine, la Moldavie, la Géorgie, l'Azerbaïdjan, l'Arménie, le Kazakhstan, le Turkménistan, l'Ouzbékistan, le Kirghizistan, le Tadjikistan, etc ; et aussi par une éventuelle entrée dans l'Organisation du Traité de l'Atlantique Nord - OTAN, une autre raison sera la volonté russe de démilitariser le pays voisin et de déposer le futur président, en mettant à sa place un dirigeant pro-Moscou. toutefois, en 2022, Vladimir Poutine légitimera les républiques de Donetsk et de Lougansk, des territoires situés dans l'est de l'Ukraine. Cela peut provoquer une révolte et de grandes manifestations dans le monde pour la paix. Possibilité, bien que lointaine, d'une intensification des conflits et d'une éventuelle guerre. A la pression militaire en 2022, le Kremlin ouvrira la porte à une négociation de paix à ses conditions. Poutine acceptera d'envoyer une délégation à Minsk (Biélorussie) pour discuter de "l'éventuelle neutralité de l'Ukraine" avec une mission du président Volodymyr Zelensky. Nous devons tout faire pour éviter une guerre mondiale en 2022 et aussi en 2040, la paix doit régner dans le cœur de notre dirigeants... Les États-Unis et l'OTAN vont commettre une erreur très violente en étendant leur action à l'Europe de l'Est dans le futur, jusqu'aux frontières de la Russie. Cela sera perçu comme une provocation et donnera lieu à une réponse. Cependant, indépendamment de cela, la future invasion de l'Ukraine par les troupes russes sera un acte d'agression politiquement inacceptable et moralement incompréhensible en 2022. En outre, une guerre en 2022 peut être le "chaos" pour le monde, qui sera déjà confronté à des difficultés politiques et économiques dans le monde entier. La plupart des pays seront indignés et contre ces conflits, ces guerres, même en Russie, ce qui peut générer de la négativité pour la popularité de son leader! Et de nombreux pays aideront l'Ukraine. Une grande force contre la guerre en Russie gagnera en force et s'étendra au monde entier.

2) Le 13 novembre 2015, la France sera la cible d'une série d'attaques terroristes simultanées. Il y aura neuf actions coordonnées et décentralisées, telles que des fusillades de masse, des explosions et des attentats-suicides, qui feront 130 morts et 352 blessés.

3) Dans les Amériques, la course à la présidence consolidera Donald Trump comme nouveau président des États-Unis, la Colombie signera un accord de paix avec les forces révolutionnaires de Colombie (FARC) et l'ouragan Matthew fera 900 morts lors de son passage en Haïti en 2016.

4) Le 22 mars 2016, le monde sera choqué par l'intensité des attentats de Bruxelles, la capitale de la Belgique. Une série d'explosions touchera des points stratégiques de la ville comme l'aéroport de Zavantem et la station de métro Maalbek et, au final, fera un bilan d'au moins 30 morts et 300 blessés.

5) Le volcan Cumbri Vieja Iha de La Palma, dans les îles Canaries - Espagne, et 2 910 bâtiments seront détruits par la lave qui atteindra 1 226 hectares de l'île dès le début de l'activité volcanique, qui sera enregistrée le 19 septembre 2021, date possible de l'éruption;

6) Le tireur Mevlut Mert Altintas, tuera l'ambassadeur de Russie en Turquie Andrei Karlov dans la capitale Ankara dans une attaque supposée contre l'implication russe dans la guerre syrienne le 19 décembre 2016 et deux jours plus tôt, nous aurons un attentat qui tuera environ 13 policiers à Ankara en Turquie ...;

7) Emmanuel Macron battra le candidat d'extrême droite et sera élu président en France le 07 mai 2017, mais perdra peut-être les élections de 2022;

8) L'incendie d'un immeuble résidentiel fera 79 morts à Londres - Angleterre. L'alarme incendie ne se déclenchera pas et l'enveloppe inflammable du bâtiment permettra au feu de se propager avec rapidité; les résidents désespérés jetteront des enfants pour les sauver du feu 14 juin 2017;

9) En juillet et août 2018, l'Europe vivra étouffée par une vague de chaleur, qui arrivera avec des feux de forêt mortels en Grèce, en Espagne et au Portugal. L'Asie sera également victime de la forte chaleur, tout comme l'ouest des États-Unis, où la Californie souffrira de plusieurs grands incendies....

10) Ebola se propagera dans la République du Congo et fera de nombreuses victimes dans un avenir proche, dans de nombreux cas, il y a des implications d'experiences biologiques dans ce lieu, la propagation par des groupes externes ,tuera de nombreux innocents, et émergera à Wuhan - en Chine, en Septembre 2019, le covid19, qui ne sera libéré que le 31 Décembre 2019 , il peut tuer des millions de personnes dans le monde entier - deviendra une pandémie , cependant, pour être en mesure de donner des vaccins dans le peuple , fera pression avec la peur , la panique , en utilisant des médias sensationnalistes , créera Cepas ,variantes avec des noms , Indien , et Omicron - ce dernier , sera pris à partir d'un film de fiction 1963 - qui sera pris par le leader politique brésilien, la prétendue idée, aux dirigeants sud-africains ,. Tout, avec un accent sur la suspicion de mauvaise foi, dans le sens de (tromper) les gens et de les forcer à prendre de tels vaccins expérimentaux et dangereux pour la santé publique (c'est-à-dire, sans sécurité ou efficacité), surtout avec l'implication des laboratoires, des autorités et des agents de santé dans ce schéma qui sera gigantesque entre 2020 et 2021 ; et il tuera beaucoup de personnes innocentes qui seront obligées d'utiliser des vaccins expérimentaux qui tueront plus que le virus .

11) Nous aurons des problèmes avec la fièvre hémorragique de Marburg en République du Congo et dans d'autres parties de l'Afrique, et elle se propagera en Espagne et en Serbie entre 2025 et 2026 et Nipah pourrait apparaître en Asie entre 2027 et 2029 (avec des signes avant et des décès).

12) Une chaleur intense sera enregistrée le 20 juin 2020 dans la ville russe de Verkhoyansk, plus ou moins 38 degrés Celsius. Ce sera beaucoup plus en 2028 - j'ai déjà averti l'ONU - nous devons protéger notre planète.

J'espère que je me trompe, souscrivez-moi, mais j'espère que vous réfléchirez davantage à vos projets et que vous éviterez la guerre mondiale.

Sincèrement

Prof. Jucelino Nobrega da Luz
Caixa Postal 54 -Águas de Lindóia -S. P CEP:13940-000 Brésil

Message de paix :

La paix ne vient pas à celui qui la veut,

mais à celui qui le produit.

Vous ne pouvez pas avoir la paix dans votre vie

si vous causez des troubles dans la vie d'une autre personne.

Il en va de même pour l'amour, le pardon et le respect.

Si tu espères avoir de bonnes choses dans ta vie...

vous devez les pratiquer avec vérité. Avant tout, respecter son prochain, prendre soin du chemin de lumière

LA FIN

Partie 19

Bibliographie

1) Lettres des archives privées de Jucelino Luz

2) Recherches sur les maladies mortelles dans le monde.

3) Les illustrations achetées dans le système de recherche publique Google et protégées par le droit d'auteur sont placées sous le nom des auteurs dans les images respectives sur les pages du livre de Marbourg.

4) Recherche sur Internet et images publiques - Utilisation d'images provenant de l'internet Considérant qu'il a été retiré les images qui sont dans le domaine public, qui ne nécessitent pas de permission.

5) Utilisation d'images provenant de l'internet. Considérant que les images qui sont dans le domaine privé, leurs sources et leurs droits légaux ont été cités sur les pages qui ont été publiées.

6) Nous essayons toujours de faire de notre mieux pour nos lecteurs, si par hasard, vous trouvez quelques erreurs dans la traduction de ce livre important, si vous voulez contribuer volontairement, vous pouvez envoyer la correction à : equipejnl@gmail.com

www.ingramcontent.com/pod-product-compliance
Lightning Source LLC
Chambersburg PA
CBHW071509220526
45472CB00003B/965